科学出版社“十三五”普通高等教育本科规划教材

新能源科学与工程专业系列教材

太阳能光伏技术实践教程

主　编　薛春荣　钱　斌

副主编　易庆华　江学范

科学出版社

北　京

内 容 简 介

本书以太阳能光伏系统的核心技术为主要内容，结合企业生产工艺流程设计编写而成。深入介绍晶硅电池光伏系统从高纯硅材料提纯到晶硅电池制备、光伏组件封装、发电系统设计和应用以及晶硅电池、组件质量监控与性能测试等重要实验技术。

本书遵循晶硅电池光伏产业链技术的实际生产流程，在简要介绍光伏技术基本原理的基础上，以实验的形式安排各章节内容，对每一项光伏技术，给出具体的实验目的、设备、原理、内容、注意事项、数据处理和思考几个部分，以达到巩固理论知识、理论联系实际、提高动手能力和创新能力的目的。

本书内容丰富，图文并茂，深入浅出，可作为高等院校新能源相关专业本科生和专科生的实验、实训教材，也可作为太阳能光电企业及相关领域的工程技术人员的培训及参考用书。

图书在版编目(CIP)数据

太阳能光伏技术实践教程/薛春荣，钱斌主编. —北京：科学出版社，2021.8

(科学出版社“十三五”普通高等教育本科规划教材·新能源科学与工程专业系列教材)

ISBN 978-7-03-069428-7

Ⅰ. ①太… Ⅱ. ①薛… ②钱… Ⅲ. ①太阳能发电-高等教育-教材 Ⅳ. ①TM615

中国版本图书馆 CIP 数据核字(2021)第 148493 号

责任编辑：余 江 陈 琪 / 责任校对：王 瑞
责任印制：张 伟 / 封面设计：迷底书装

科学出版社 出版
北京东黄城根北街 16 号
邮政编码：100717
http://www.sciencep.com

中煤（北京）印务有限公司印刷
科学出版社发行 各地新华书店经销
*
2021 年 8 月第 一 版 开本：720×1000 B5
2024 年 8 月第二次印刷 印张：13
字数：262 000

定价：49.80 元
（如有印装质量问题，我社负责调换）

前　言

伴随着“爱护环境，保卫地球”的呼声，全球光伏产业迅速发展，光伏发电装机容量不断提升。中国已成为全球光伏发电装机容量最大的国家，家用光伏发电走进千家万户，普及光伏发电技术、培养光伏发电技术人才已成为刻不容缓的任务。

本书包括完整的晶硅光伏产业链核心技术：如上游产品硅料的提纯、铸锭、切片技术；中游产品电池片的制备，光伏组件的设计、封装和相关原材料的处理技术；下游光伏发电与控制技术、光伏产业链中具有代表性的测试性技术。

在具体章节安排上，根据学生认知规律，将单个生产工艺以实验目的、实验设备、实验原理、实验内容、实验注意事项、数据处理、思考题的方式展现，便于学生更好地理解、掌握和操作实验。

本书以培养应用型人才为目标，在与光伏专业学生学习进度相符的前提下，让学生能够在实验教程的指导下进行相关实验，提高学生的动手能力，让学生成为符合光伏行业要求的新一代人才。本书是一本有实用价值和实际指导意义的实验教程。

本书共 7 章，内容上可分为 4 个部分：

第 1 部分(第 1 章)是绪论部分，在简单介绍光伏技术体系的基础上，简要介绍光伏技术实践的各个环节，是本书的框架部分。

第 2 部分(第 2～4 章)是本书的主体部分，主要介绍高纯硅材料的提纯、光伏电池制备以及组件封装的各个工艺流程。

第 3 部分(第 5、6 章)是测试环节，主要介绍光伏电池及组件制备过程的测试技术。

第 4 部分(第 7 章)是光伏产品的设计与应用实验。

本书所列实验项目的功能实现并不局限于某一种型号的实验设备，只要有相应功能的设备都可以实现。在本书编写过程中参考了大量的资料，部分资料来自互联网，原作者无法一一考证和列出，在此向所有作者深表感谢。

由于作者水平有限，书中难免存在不足之处，恳请广大读者予以指正。

作　者
2020 年 11 月

目　录

第 1 章　光伏技术概述

1.1　光伏发电技术

光伏技术是指可将太阳的光能直接转换为电能的技术，也称光伏发电技术。其核心部件是太阳能光伏组件，俗称太阳能电池板，它是由多个最小功能单元——太阳能电池根据实际需要串/并联而成的。理论上讲，只要有太阳，太阳能光伏组件可以用于任何需要电源的场合，上至航天器，下至家用电源，大到兆瓦级电站，小到儿童玩具。晶硅光伏技术产业链指从硅矿石到太阳能发电系统的完整链条，如图 1-1 所示。

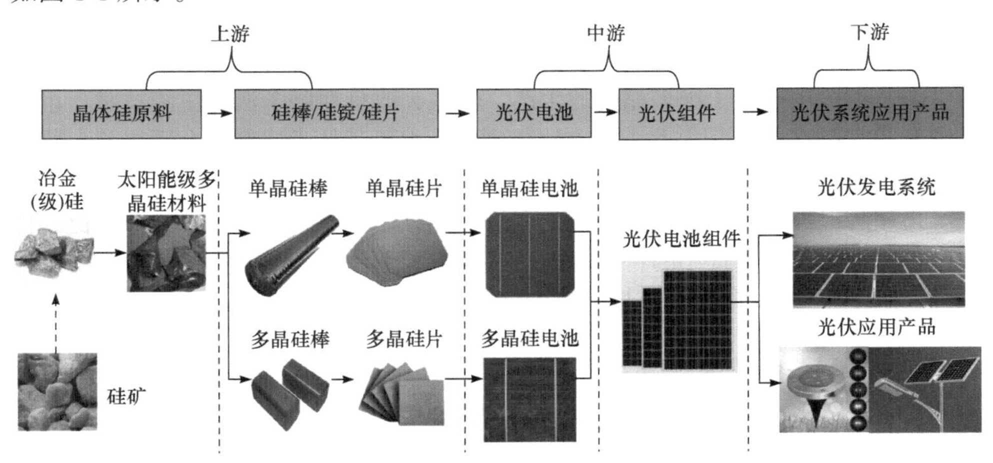

图 1-1　晶硅光伏技术产业链

1.2　光伏材料制备工艺

光伏材料制备工艺属于光伏产业链的上游技术，指从硅矿中获得硅原料，再通过冶炼得到工业硅、提纯得到太阳能级的硅，然后生长成单晶硅棒或者铸造成多晶硅棒，再切割成硅片的过程，如图 1-1 所示。

1.2.1　硅材料提纯

硅在自然界分布极广，地壳中约含 27.6%的硅，其主要以二氧化硅和硅酸盐的形式存在，根据其杂质含量分为粗硅和高纯硅，粗硅是高纯硅的原料。通常使用碳质还原剂对硅石进行工业冶炼，得到纯度为95%～99%的粗硅，也称工业硅、金属硅、结晶硅、冶金(级)硅。碳还原氧化硅的反应通常以式(1-1)表示：

$$SiO_2 + 2C = Si + 2CO\uparrow \tag{1-1}$$

式(1-1)是硅冶炼主反应的表达式。

高纯硅一般要求纯度达到6个“9”至8个“9”的范围，一般用作半导体和太阳能电池。硅含量为99.9999%(6个“9”)的为太阳能级硅(SG)，主要用于太阳能电池片的生产制造。纯度为99.999999999%(11个“9”)的为电子级硅(EG)，主要用于半导体芯片的生产制造。光伏发电用太阳能级硅，可以利用化学法提纯、物理法提纯，为了将工业硅提纯到半导体器件用电子级硅所需的纯度，必须经过化学法提纯。

化学法提纯的原理是指通过化学反应，将硅转化为中间化合物，再利用精馏提纯等技术，提纯中间化合物，使之达到高纯度，然后将中间化合物还原成硅，此时的高纯硅是多晶状态，可以达到太阳能电池和电子器件的要求。典型工艺技术包括改良西门子法、硅烷热分解法、流化床法，它们既可用于太阳能级多晶硅的生产，也可用于电子级多晶硅的生产。其中，改良西门子法是主流技术，世界上约有80%的多晶硅是由此工艺方法得到的，由于其技术成熟，今后很长一段时间内仍将是主流技术。

物理法提纯主要采用冶金法，冶金法提纯太阳能级硅具有原料来源广泛、提纯过程安全、设备投资小的特点，在环保和节能上比传统的西门子法更胜一筹，是各国研发机构一直努力的目标。

1.2.2 单晶硅生长技术

单晶硅是指硅原子按照一定的方式排列形成的物质。单晶硅是太阳能电池和微电子工业的重要原料。目前单晶硅的生长均是以多晶硅为基础，通过一定的生长方式将多晶硅转化为单晶硅，按照生长方式的不同可分为区熔法(Float Zone，FZ)和直拉法(Czochralski，CZ)。目前这两种方法都已被大规模的应用到工业生产中，其中区熔法生长的单晶硅多用于大功率器件方面，直拉法生长的单晶硅主要用于电子集成电路和太阳能电池方面。

1.2.3 多晶硅铸造技术

单晶硅电池成本高，制约了光伏工业的发展。铸造多晶硅利用铸造技术，与单晶硅相比，没有高成本的晶体拉制过程，效率低一些，但差距较小，而成本低很多，所以相对来说性价比更高。铸造多晶硅按照制备时采用的坩埚数量可将其分为浇铸法和直接熔融定向凝固法(包括所有采用单坩埚的方法)，也有的将其细化分为布里奇曼法、热交换法、电磁铸锭法、浇铸法。

铸造多晶硅的原材料广泛，可以使用半导体级高纯多晶硅，当然也有化学法(如改良西门子法)和物理法制备的太阳能级高纯多晶硅，也可以使用微电子工业用单晶硅生产中的剩余料(包括质量相对较差的高纯多晶硅、单晶硅棒的头尾料，以及直拉单晶硅生长完成后剩余在石英坩埚中的埚底料)等。与直拉、区熔单晶硅生长方法相比，铸造方法对硅原料的不纯有更大的容忍性，所以铸造多晶硅方法可以更多地使用微电子工业剩余料等较低成本的原料，这也是铸造多晶硅成本相对较低的原因。甚至多晶硅片制备过程中剩余的硅料(如硅片切割中的碎料等)还可以重复利用。有研究表明，只要原料中剩余料的比例不超过 40%，就可以生长出合格的铸造多晶硅。

1.2.4　硅片加工技术

太阳能电池产品需要高纯的原料，纯度至少是 99.99998%，即我们所说的 6 个“9” (6*N*)。从二氧化硅到适用于制作太阳能电池用的硅片，一般需要经过：二氧化硅→冶金级硅→高纯三氯氢硅→高纯多晶硅原料→单晶硅棒或多晶硅锭→硅片。而单晶硅棒或多晶硅锭制成硅片是一个重要的过程，它对太阳能电池性能和效率有重要的影响。

太阳能电池用单晶硅片一般有两种形状：一种是圆形，另一种是方形。圆形硅片是割断滚圆后，利用金刚石砂轮磨削晶体硅的表面，使得整根单晶硅的直径统一，并且能达到所需直径，如直径 3in(76.2mm)或 4in(101.6mm)的单晶硅，直接切片，切片是圆形；而方形硅片则需要在切断晶体硅后，进行切片方块处理，沿着晶体棒的纵向方向，也就是晶体的生长方向，利用外圆切割机将晶体硅锭切成一定尺寸的方形硅片，其截面为正方形，通常尺寸为 100mm×100mm、125mm×125mm 或 150mm×150mm。在太阳能效率和成本方面，其主要区别是圆形硅片的材料成本相对于方形硅片较低，组成组件时，圆形硅片的空间利用率比方形硅片低，要达到同样的太阳能电池输出功率，方形硅片的太阳能电池组件板的面积小，既利于空间的有效利用，又降低了太阳能电池的总成本。因此，对于大直径单晶硅或需要高输出功率的太阳能电池，其硅片的形状一般为方形。

传统的圆形硅片加工的主要工艺流程一般为：单晶炉取出单晶→检查→切割分段→测试→清洗→外圆研磨→检测分档→切片→倒角→清洗→磨片→清洗→检验→测厚分类→化学腐蚀→测厚检验→抛光→清洗→抛光→清洗→电性能测量→检验→包装→储存。

---

① 1in=25.4mm。

多晶硅铸造完成后，一般是一个方形的铸锭，不需要进行割断、滚圆等工序，只是在晶锭制备完成后，切成截面尺寸为 100mm×100mm、150mm×150mm、210mm×210mm 的方柱体，利用线切割机切成硅片。切割硅片后，与单晶硅的加工相似，还需要进行倒角、磨片、化学腐蚀、抛光等工艺。

1.3　晶硅太阳能电池制备工艺

太阳能电池片的生产工艺流程分为硅片检测→表面制绒及酸洗→扩散制结→去磷硅玻璃→等离子刻蚀及酸洗→镀减反射膜→丝网印刷→快速烧结等。具体介绍如下。

硅片检测：硅片是晶硅太阳能电池的载体，硅片质量直接决定了太阳能电池片转换效率，因此需要对来料硅片进行检测。在进行少子寿命和电阻率检测之前，需要先对硅片的对角线、微裂纹进行检测，并自动剔除破损硅片。硅片检测设备能够自动装片和卸片，并且能够将不合格品放到固定位置，从而提高检测精度和效率。

表面制绒及酸洗：单晶硅绒面的制备是利用硅的各向异性腐蚀，在每平方厘米硅表面形成几百万个四面方锥体，即金字塔结构。制绒面前，硅片须先进行初步表面腐蚀，用碱性或酸性腐蚀液蚀去 20～25μm，在腐蚀绒面后，进行一般的化学清洗。经过表面准备的硅片都不宜在水中久存，以防玷污，应尽快扩散制结。

扩散制结：太阳能电池需要一个大面积的 P-N 结以实现光能到电能的转换，而扩散炉即制造太阳能电池 P-N 结的专用设备。扩散一般用三氯氧磷液态源作为扩散源。制造 P-N 结是太阳能电池生产最基本也是最关键的工序。正是 P-N 结的形成，才使电子和空穴在流动后不再回到原处，而形成电流，用导线将电流引出，就是直流电。

去磷硅玻璃：该工艺用于太阳能电池片生产制造过程中，通过化学腐蚀法，即把硅片放在氢氟酸溶液中浸泡，使其产生化学反应生成可溶性的络合物六氟硅酸，以去除扩散制结后在硅片表面形成的一层磷硅玻璃。氢氟酸能够溶解二氧化硅是因为氢氟酸与二氧化硅反应生成易挥发的四氟化硅气体。若氢氟酸过量，反应生成的四氟化硅会进一步与氢氟酸反应生成可溶性的络合物六氟硅酸。

等离子刻蚀及酸洗：由于在扩散过程中，即使采用背靠背扩散，硅片的所有表面包括边缘都将不可避免地扩散上磷。P-N 结的正面所收集到的光生电子会沿着边缘扩散，有磷的区域流到 P-N 结的背面，而造成短路。因此，必须对太阳能电池周边的掺杂硅进行刻蚀，以去除电池边缘的 P-N 结，通常采用等离子刻蚀技术完成这一工艺。等离子刻蚀是在低压状态下，反应气体 CF_4 的母体分子在射频功率的激发下，产生电离并形成等离子体。等离子体是由带电的电子和离子组成的，反应腔体中的气体在电子的撞击下，除了转变成离子外，还能吸收能量并形成大量的活性反应基团。活性反应基团由于扩散或者在电场作用下到达 SiO_2 表面，在该表面与被刻蚀材料表面发生化学反应，并形成挥发性的反应生成物脱离被刻蚀物质表面，被真空系统抽出腔体。

镀减反射膜：抛光硅表面的反射率为 35%，为了减少表面反射，提高电池的转换效率，需要沉积一层氮化硅减反射膜。工业生产中常采用 PECVD 设备制备减反射膜。PECVD 即等离子增强型化学气相沉积，它的技术原理是利用低温等离子体做能量源，样品置于低气压下辉光放电的阴极上，利用辉光放电使样品升温到预定的温度，然后通入适量的反应气体 SiH_4 和 NH_3，气体经一系列化学反应和等离子体反应，在样品表面形成固态薄膜即氮化硅薄膜。一般情况下，使用这种等离子增强型化学气相沉积的方法沉积的薄膜厚度在 70nm 左右。这样厚度的薄膜具有光学的功能性。利用薄膜干涉原理，可以使光的反射大为减少，电池的短路电流和输出电流就有很大增加，效率也有相当大的提高。

丝网印刷：太阳能电池经过制绒、扩散及 PECVD 等工序后，已经制成 P-N 结，可以在光照下产生电流，为了将产生的电流导出，需要在电池表面上制作正、负两个电极。制造电极的方法很多，而丝网印刷是目前制作太阳能电池电极最普遍的生产工艺之一。丝网印刷是采用压印的方式将预定的图形印刷在基板上，该设备由电池背面银铝浆印刷、电池背面铝浆印刷和电池正面银浆印刷三部分组成。其工作原理为：利用丝网图形部分网孔透过浆料，用刮刀在丝网的浆料部位施加一定压力，同时朝丝网另一端移动。油墨在移动中被刮刀从图形部分的网孔中挤压到基片上。由于浆料的黏性作用使印迹固着在一定范围内，印刷中刮刀始终与丝网印版和基片呈线性接触，接触线随刮刀移动而移动，从而完成印刷行程。

快速烧结：经过丝网印刷后的硅片，不能直接使用，需经烧结炉快速烧结，将有机树脂黏合剂燃烧掉，剩下几乎纯粹的、由于玻璃质作用而密合在硅片上的银电极。烧结炉工作过程分为预烧结、烧结、降温冷却三个阶段。预烧结阶段的目的是使浆料中的高分子物质分解、燃烧掉，此阶段温度慢慢上升；烧结阶段，烧结体内完成各种物理、化学反应，形成电阻膜结构，使其真正具有电阻特性，该阶段温度达到峰值；降温冷却阶段，玻璃冷却硬化并凝固，使电阻膜结构固定地黏附于基片上。

1.4　光伏组件制备工艺

单体太阳能电池不能直接作为电源使用。作为电源必须将若干单体电池串、并联并严密封装成组件。光伏组件(也叫太阳能电池板)是太阳能发电系统中的核心部分，也是太阳能发电系统中最重要的部分。

太阳能电池是将太阳光直接转换为电能的最基本元件，一个单体太阳能电池的单片为一个 P-N 结，工作电压约为 0.5V，工作电流密度为 20～25mA/cm^2。因而需根据使用要求将若干单体电池进行适当的连接并经过封装后，组成一个可以单独对外供电的最小单元，即组件(太阳能电池板)。其功率一般为几瓦至几十瓦，具有一定的防腐、防风、防雹、防雨的功能，广泛应用于各个领域和系统。

光伏组件是将性能一致或相近的光伏电池片，或由激光机切割开的小尺寸的太阳能电池，按一定的排列串、并联后封装而成。由于单片太阳能电池片的电流和电压都很小，把它们先串联获得高电压，再并联获得高电流后，通过一个二极管(防止电流回输)后输出。电池串联的片数越多，电压越高，面积越大或并联的片数越多，则电流越大。例如，一个组件上串联太阳能电池片的数量是 36 片，这意味着这个太阳能组件大约能产生 17V 的电压。

当应用领域需要较高的电压和电流，而单个组件不能满足要求时，可把多个组件串联或并联，以获得所需要的电压和电流，从而满足用户的电力需求。根据负荷需要，将若干组件按一定方式组装在固定的机械结构上，形成直流发电的单元，即太阳能电池阵列，也称为光伏阵列或太阳能电池方阵。一个光伏阵列包含两个或两个以上的光伏组件，具体需要多少个组件及如何连接组件与所需电压(电流)及各个组件的参数有关。

1.5　光伏发电与控制系统

光伏发电系统分为独立太阳能光伏发电系统、并网太阳能光伏发电系统和分布式太阳能光伏发电系统。

独立太阳能光伏发电是指太阳能光伏发电不与电网连接的发电方式，典型特征为需要用蓄电池来存储能量，供夜晚用电。独立太阳能光伏发电在民用范围内主要用于边远的乡村，如家庭系统、村级太阳能光伏电站；在工业范围内主要用于电信、卫星广播电视、太阳能水泵，在具备风力发电和水电的地区还可以组成混合发电系统，如风力发电/太阳能发电互补系统等。

并网太阳能光伏发电是指太阳能光伏发电连接到国家电网的发电方式，成为电网的补充，典型特征为不需要蓄电池。民用太阳能光伏发电多以家庭为单位，商业用途主要为企业、政府大楼、公共设施、安全设施、夜景美化景观照明系统等的供电，工业用途如太阳能农场。

分布式太阳能光伏发电又称分散式发电或分布式供能，是指在用户现场或靠近用电现场配置较小的光伏发电供电系统，以满足特定用户的需求，支持现存配电网的经济运行，或者同时满足这两个方面的要求。其运行模式是在有太阳辐射的条件下，光伏发电系统的太阳能电池组件阵列将太阳能转换输出的电能，经过直流汇流箱集中送入直流配电柜,由并网逆变器逆变成交流电供给建筑自身负载，多余或不足的电力通过连接公共电网来调节。

光伏发电系统的设计需要考虑的因素：

(1) 安装的环境条件以及当地的日光辐射情况。

(2) 系统需要承受的负载总功率的大小。

(3) 系统应设计的输出电压的大小以及考虑使用直流还是交流。

(4) 系统每天需要工作的小时数。

(5) 如果遇到没有日光照射的阴雨天气，系统需连续工作的天数。

(6) 系统设计还需要了解负载的情况，电器是纯电阻性、电容性还是电感性，以及瞬间启动最大电流的流通量。

1.6 光伏测试技术

光伏测试按照供应链范围分类有原材料测试、在线工艺测试、组件测试、系统测试、电站及并网测试、工艺设备测试等。

原材料测试指对晶硅组件用到的多晶硅、电池片、银浆、背板、玻璃、封装材料等进行的本身的质量检查和其成品测试；在线工艺测试是指在生产过程中为了监控产品质量进行的测试，如电池片在线分选仪、组件在线 EL(Electroluminescent, 电致发光)、IV(电流-电压)检测等，在产业链的各个阶段都需要在线检测。光伏组件是光伏发电中的核心部件，要满足各个国家和行业制定的性能及安全标准，常见的测试有机械性能测试、电性能测试、环境老化测试和安全性能测试等。

现行的光伏测试标准包括成品标准、安全标准、工艺标准、原料标准、实验方法标准、设备标准、质量体系标准等。

系统测试是光伏发电中的另一重要组成部分，包括逆变器、汇流箱等多种部件的性能及安全测试；电站及并网测试指光伏组件和系统安装在户外后要进行调试和性能测定，并网前、并网后都要测试其发电性能及发电质量、对电网的冲击、发电过程中的衰减、波动等。

第 2 章　光伏材料制备技术

2.1　光伏材料制备概述

光伏材料主要指的是硅材料，制备太阳能电池所使用的硅材料主要指太阳能级的高纯硅，它们是从硅矿石中通过冶炼得到工业硅，对工业硅通过物理提纯或化学提纯得到高纯硅，进一步提纯成太阳能级的硅，通过 N 型和 P 型掺杂制备成 P 型与 N 型的单晶硅及多晶硅。

工业硅的生产流程相当复杂，需要在特定的冶炼炉中进行。要把纯度较低的工业硅提纯到太阳能级的硅，可以通过化学法提纯或物理法提纯。

化学法提纯的原理是指通过化学反应，将硅转化为中间化合物，再利用精馏提纯等技术，提纯中间化合物，使之达到高纯度，然后将中间化合物还原成硅，此时的高纯硅是多晶状态的，可以达到太阳能电池和电子器件的要求。中间化合物一般选择易于合成、化学分离和提纯的中间产物，根据中间化合物的不同，化学提纯多晶硅可分为不同的技术路线，其共同的特点是中间化合物容易提纯。目前，在工业中应用的技术有三氯氢硅氢还原法(西门子法)、硅烷热分解法和四氯化硅氢还原法，最主要的是前两种技术。

物理法提纯制备太阳能级硅的技术几乎与半导体科学技术的发展并驾齐驱。它是区别于化学法的一种集物理、化学、冶金与材料制备于一体的新型多学科的工程技术。采用的主要是冶炼工艺，类似于金属冶炼的一套方法，故又称为冶金法。在提纯过程中，硅不参与任何化学反应，它涉及多种工艺内容，主要包括电子束精炼、等离子体熔炼、真空精炼、湿法冶金以及定向凝固等，相对于改良西门子法等化学方法，具有许多优点。

2.1.1　物理法提纯高纯硅的原理

物理法提纯有以下主要原理。

(1) 定向凝固工艺原理：通常指的是在同一个坩埚中熔炼，利用杂质元素在固相和液相中的分凝效应达到提纯的目的，同时通过单向热流控制，使坩埚中的熔融体达到一定温度梯度，从而获得沿生长方向整齐排列的柱状晶组织。实现定向凝固的总原则是：金属熔融体中的热量严格地按单一方向导出，并垂直于生长中的固-液界面，使金属或合金按柱状晶或单晶的方式生长。经多次定向凝固，杂质含量将不断减少，可以达到提纯的目的。硅中金属杂质的平衡分凝系数均小于 1，根据理论分析，经过定向凝固可达到提纯的目的。

工业硅中有多种金属杂质和非金属杂质，除 B、P、As、O 等几种杂质外，其他杂质的平衡分凝系数远小于 1，在硅熔融体结晶过程中，由于各种杂质在固相硅和液相硅中的溶解度有很大的区别，可以利用这个特性来对硅进行提纯。平衡分凝系数远小于 1 的杂质不断从固-液界面偏析到硅熔融体中，形成杂质向熔融体的输送和富集，反之亦然。待硅熔融体全部结晶完毕，采用机械切除杂质浓度高的部分，获得提纯多晶硅。定向凝固工艺是一种非常有效地去除杂质的方法，整个过程中没有利用任何化学反应，在理想的定向凝固条件下除了 P、B、O 和 C 以外，大部分的杂质通过两次定向凝固精炼以后都能够满足太阳能级硅的要求，但是定向凝固工艺成本比较高，通过减少定向凝固的次数，能够大幅度地降低太阳能级硅的生产成本。

(2) 区域熔化原理：正常凝固的提纯只能进行一次，第二次熔化时只是上一次结晶的重复，得到的仍然是同样的结果。因为正常凝固是最宽熔区的区熔提纯，第二次提纯时就把已经提纯得到的分布又破坏了，不能达到第二次提纯的效果。区域熔化是熔化锭条的一部分，熔化的部分称为熔化区。当熔化区从头到尾移动一次以后，杂质随熔化区移到尾部。利用这种方法不只可以进行一次提纯，而且可以进行多次提纯，一次一次地移动熔化区以达到更好的效果，该方法称为区域熔化提纯，简称区熔提纯。如果只进行一次区熔提纯，提纯效果不如正常凝固的好，多次区熔提纯能够得到更高的纯度，但也不可能把纯度无限提高。

(3) 造渣氧化精炼原理：造渣去杂是利用硅熔融体中某些不易挥发性杂质与加入硅熔融体中的造渣剂发生化学反应，形成渣相，上浮到硅熔融体表面或下沉到硅熔融体底部，凝固后与提纯硅结晶体分开，达到去杂效果。

定向凝固法中 Al、Fe、Ca、B 等元素并不能通过一次定向凝固过程而达到太阳能级硅的要求，虽然通过两次定向凝固能够达到要求，但是考虑到成本问题，最好只用一次定向凝固工艺。虽然利用生成易于被酸洗掉的富含杂质的相来去除一些比较难处理的金属元素，得到了比较好的效果，但对于如何选择合适的造渣剂，既可以和硅熔融体中的杂质有效反应形成渣相，又不带入新杂质，并容易在硅熔融体定向凝固完成后进行切除，还需要进行大量实验和比较。

(4) 饱和蒸气压原理：真空条件下除杂的效果主要取决于杂质的饱和蒸气压和炉内的真空度以及熔炼的温度，挥发是去除杂质的主要途径，比基体饱和蒸气压大的杂质元素容易除掉，但也有不利的一面，即基体由于挥发损失很大，各种杂质的饱和蒸气压都随温度的升高而升高，瞬间将基体材料加热至高温状态，从而增加杂质元素的饱和蒸气压，使杂质元素易于挥发去除。利用硅中 P、Al、Na、Mg、S、Cl 等杂质具有远大于硅元素的饱和蒸气压，在高温真空环境中更易以气体形式从硅熔融体表面挥发出去的特性，应用高真空设备，抽出硅熔融体中挥发的杂质气体达到去除杂质的目的。尤其是硅熔融体中分凝系数较大，对硅材料性能影响很大的P杂质宜采用这种去杂质方法。对于那些饱和蒸气压接近或者高于硅的饱和蒸气压的杂质元素来说，利用真空条件下的蒸发技术去除这些杂质是非常有效的。在1500℃时，硅的饱和蒸气压为5×10^{-1}Pa，而B的饱和蒸气压在相同温度下比硅的饱和蒸气压要低很多，所以利用真空挥发并不能去除杂质B。

(5) 抗腐蚀性原理：由于硅对所有的酸(除了HF酸以外)都具有较高的抗腐蚀性，因此利用酸洗来去除偏析在晶界处的杂质相是一种非常有效的方法。从本质上说，酸洗主要是利用了硅具有较小的分凝系数的特性，将富含杂质相的硅溶解，从而剩余的硅晶体得到了提纯。然而，仅仅依靠酸洗并不能制备出高纯度的硅，因此必须借助于其他的辅助提纯工艺才能够生产出高纯度的硅。

(6) 吹气原理：以氧气作为载气，将一定种类、数量的反应气体、反应物质粉末以一定流速和压力通入提纯炉，反应气体、反应物质粉末与硅熔融体表面的杂质发生化学反应，生成挥发性气体或渣相，而真空系统不断抽走杂质气体。经过对氢气作为载气，氧气、二氧化碳气体以及水蒸气单独作为反应气体或者彼此之间的混合气体作为反应气体的情况进行系统的研究，表明：反应气体中含有氧气和二氧化碳气体时，硅熔融体的表面形成了一层SiO_2薄膜，阻止了熔融体内部的杂质元素与反应气体之间的相互作用，在反应气体中含有水蒸气的情况下，杂质去除的情况得到了明显的改善。因为水蒸气能够阻止SiO_2薄膜的形成，所以能够使反应气体和硅熔融体中的杂质元素进行充分的反应。在吹气过程中，通入的气体不断搅动硅熔融体，不仅加速杂质扩散，而且可以使硅熔融体表面不断更新，提高化学反应速率。整个吹气过程中应严格控制反应气体成分、吹气速度，保持炉内的真空度和热场温度分布等，使去杂效果达到最佳。

2.1.2　物理法提纯高纯硅典型工艺

制造太阳能级多晶硅的最直接和最经济的方法就是将金属级硅低成本地提纯，升级成可以用于太阳能电池制造的太阳能级硅，而不是采用电子级高纯多晶硅的精细化学提纯工艺，其中最重要的就是将工业硅中的高浓度杂质降低到$5\times10^{-16}cm^{-3}$以下，最典型的技术有JFE NEDO技术、Elkem技术和改进热交换法。

2.2　高纯硅制备实验

实验2.2.1　改良西门子法制备多晶硅

1. 实验目的

(1) 掌握改良西门子法制备高纯硅的基本流程。

(2) 理解改良西门子法制取高纯硅的原理。

(3) 了解改良西门子法制取高纯硅的步骤及参数。

2. 实验设备

氯化氢合成炉，三氯氢硅沸腾床加压合成炉，三氯氢硅水解凝胶处理系统，三氯氢硅粗馏、精馏塔提纯系统，硅芯炉，节电还原炉，磷检炉，硅棒切断机，腐蚀、清洗、干燥、包装系统装置，还原尾气干法回收装置，其他设备包括分析、检测仪器，控制仪表，热能转换站，压缩空气站，循环水站，变配电站，净化厂房等。

3. 实验原理

改良西门子法是用氯和氢合成氯化氢(或外购氯化氢)，氯化氢和工业硅粉在一定的温度下合成三氯氢硅，然后对三氯氢硅进行分离精馏提纯，提纯后的三氯氢硅在氢还原炉内进行还原反应生产高纯多晶硅。它是在传统的西门子工艺的基础上，通过增加还原尾气干法回收系统、$SiCl_4$ 氢化工艺实现了闭路循环，于是形成了改良西门子法——闭环式 $SiHCl_3$ 氢还原法。目前，世界上绝大部分厂家均采用改良西门子法生产多晶硅。

改良西门子法包括五个主要环节：$SiHCl_3$ 合成、$SiHCl_3$ 精馏提纯、$SiHCl_3$ 的氢还原、尾气的回收和 $SiCl_4$ 的氢化分离。该方法通过采用大型还原炉，降低了单位产品的能耗。通过采用 $SiCl_4$ 氢化和尾气干法回收工艺，明显减少了原辅材料的消耗。其工艺流程如图 2-1 所示。

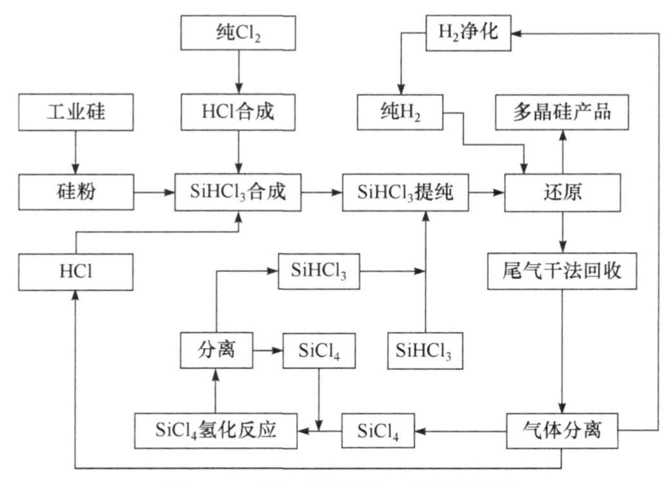

图 2-1　改良西门子法工艺流程图

4. 实验内容

改良西门子法制取多晶硅的工艺流程如图 2-1 所示，主要的实验步骤如下。

(1) 三氯氢硅的合成：在流化床反应器中把工业硅粉碎并用无水氯化氢(HCl)

与之反应，生成易溶解的三氯氢硅($SiHCl_3$)，其化学反应如式(2-1)所示：

$$Si + 3HCl = SiHCl_3 + H_2 \tag{2-1}$$

反应温度为300℃，该反应是放热的。同时形成气态混合物(H_2、HCl、$SiHCl_3$、$SiCl_4$、Si)。

(2) 三氯氢硅的分离、提纯：步骤(1)中产生的气态混合物还需要进一步提纯，需要分解、过滤硅粉，冷凝$SiHCl_3$、$SiCl_4$，而气态H_2、HCl返回到反应中或排放到大气中。然后分解冷凝物$SiHCl_3$、$SiCl_4$，净化三氯氢硅(多级精馏)。

原料氯硅烷液体、还原氯硅烷液体和氢化氯硅烷液体分别用泵抽出，送入氯硅烷分离提纯工序的不同精馏塔中。各个精馏塔的作用不一样，一般是1塔去除低沸物，2塔去除金属、非金属杂质和四氯化硅。

(3) 三氯氢硅的还原：净化后的三氯氢硅采用高温还原工艺，以高纯的$SiHCl_3$在H_2气氛中还原沉积而生成多晶硅。在还原炉内通电的炽热硅芯/硅棒的表面，三氯氢硅发生氢化还原反应，生成硅沉积下来，使硅芯/硅棒的直径逐渐变大，直至达到规定的尺寸。

其化学反应如式(2-2)所示：

$$SiHCl_3 + H_2 = Si + 3HCl \tag{2-2}$$

氢还原反应同时生成二氯二氢硅、四氯化硅、氯化氢和氢气，与未反应的三氯氢硅和氢气一起送出还原炉，经还原尾气冷却器用循环冷却水冷却后，直接送往还原尾气干法分离工序。

(4) 还原尾气干法分离工序：从三氯氢硅还原干法工序来的还原尾气经此工序被分离成氯硅烷液体、氢气和氯化氢气体，分别循环回装置使用。这样大约1/3的三氯氢硅发生反应，并生成多晶硅，剩余部分与H_2、HCl、$SiCl_4$从反应容器中分离。这些混合物进行低温分离，或再利用，或返回到整个反应中。

5. 实验注意事项

对产生的其他杂质气体的回收与再利用，使用H_2注意安全。

6. 数据处理

实验数据记录表

气体	Si(提纯前)	三氯氢硅的合成	三氯氢硅的分离、提纯	三氯氢硅的还原	还原尾气干法分离工序
HCl					
$SiHCl_3$					
H_2					
Si(提纯后)					

7. 思考题

(1) 请写出改良西门子法的优点。

(2) 请思考如何对实验过程的尾气进行处理。

8. 内容拓展：改良西门子法的生产工艺

三氯氢硅氢还原法是德国西门子(Siemens)公司于 1954 年发明的，又称西门子法，是广泛采用的高纯多晶硅制备技术，国际上生产高纯多晶硅的主要大公司都采用该技术，包括瓦克(Walker)、海姆洛克(Hemlock)和德山(Tokoyama)。其化学反应式如式(2-1)所示。

反应除了生成中间化合物三氯氢硅外，还有附加产物，如 $SiCl_4$、SiH_2Cl_2 和 $FeCl_3$、BCl_3、PCl_3 等杂质，需要精馏提纯。经过粗馏和精馏两道工艺，三氯氢硅中间化合物的杂质含量可以降到 10^{-10}～10^{-7} 数量级。

将置于反应室的原始高纯多晶硅细棒(直径约 5mm)通电加热到 1100℃以上，通入中间化合物三氯氢硅和高纯氢气，发生还原反应，通过化学气相沉积，生成的新的高纯硅沉积在硅棒上，使硅棒不断长大，一直到硅棒的直径达到 150～200mm，制成半导体级高纯多晶硅。其反应式为式(2-2)和式(2-3)：

$$2SiHCl_3 = Si + 2HCl + SiCl_4 \tag{2-3}$$

或者将高纯多晶硅粉末置于加热流化床上，通入中间化合物三氯氢硅和高纯氢气，让生成的多晶硅沉积在硅粉上，形成颗粒高纯多晶硅。

1) 三氯氢硅的制备

(1) 石英砂在电弧炉中冶炼提纯到 98%并生成工业硅，其化学反应如式(2-4)所示：

$$SiO_2 + C = Si + CO_2 \uparrow \tag{2-4}$$

(2) 为了满足高纯度的需要，必须进一步提纯。把工业硅粉碎并在一个流化床反应器中用无水氯化氢(HCl)与之反应生成易溶解的三氯氢硅($SiHCl_3$)。其化学反应如式(2-1)所示。

2) 三氯氢硅的提纯

三氯氢硅制备过程中产生的气态混合物还需要进一步提纯，需要分解及过滤硅粉，冷凝 $SiHCl_3$ 和 $SiCl_4$，而气态 H_2 和 HCl 返回到反应中或排放到大气中。然后分解冷凝物 $SiHCl_3$ 和 $SiCl_4$，净化三氯氢硅(多级精馏)。

从原料氯硅烷贮槽送来的原料氯硅烷液体经预热器预热后，从中部送入 1 级精馏塔，进行除去低沸物的精馏操作。塔顶排出不凝气体和部分二氯二氢硅，送往废气处理工序进行处理；塔顶馏出液为含有低沸点和高沸点杂质的三氯氢硅冷凝液，依靠压差送入 2 级精馏塔；塔釜得到含杂质的四氯化硅，用泵送至四氯化硅回收塔进行处理。

2 级精馏塔为反应精馏，是通过用湿润的氮对三氯氢硅进行处理，把其中易于水解的杂质化合物转化成难以挥发的形态，以便用精馏的方法除去。2 级精馏为双系列生产线。2 级精馏塔塔顶排出的不凝气体同样送往废气处理工序进行处理；塔顶馏出三氯氢硅冷凝液，依靠压差送入沉淀槽；塔釜含悬浮物的釜液，用泵送至四氯化硅回收塔进行处理。

3 级精馏的目的是脱除三氯氢硅中的低沸点杂质。三氯氢硅清液经 3 级进料预热器后，进入 3 级精馏塔中部。塔顶馏出含有二氯硅烷和三氯氢硅的冷凝液，靠位差流至 2 级三氯氢硅槽；塔底釜液为三氯氢硅，用泵送入 4 级精馏塔。

4 级、5 级精馏的目的是分两段脱除三氯氢硅中的高沸点杂质。3 级釜液送入 4 级精馏塔中部。4 级精馏塔顶馏出三氯氢硅冷凝液，靠位差流至 5 级精馏塔，进行脱除高沸点杂质的第二阶段。5 级精馏塔塔顶馏出的三氯氢硅冷凝液送入 5 级冷凝液槽，一个贮槽注满后分析三氯氢硅是否符合工业级三氯氢硅对杂质含量的要求，在分析有效的情况下，工业级精制的三氯氢硅从贮槽靠位差流至 8 级精馏塔。4 级、5 级塔釜排出的含有高沸点杂质的三氯氢硅，用泵送入 2 级三氯氢硅槽。

从 5 级精馏塔塔顶馏出的三氯氢硅，在 6 级精馏塔进行最终脱除三氯氢硅中的高沸点杂质的过程。6 级精馏塔塔顶馏出物为去除了高、低沸点杂质的精制三氯氢硅，分析符合多晶硅生产的质量要求后，靠位差流至多晶硅制取工序。塔底釜液为含高沸点杂质的三氯氢硅，用泵送至 2 级三氯氢硅槽。

添加 7 级精馏塔到 11 级精馏塔，使中间化合物 $SiHCl_3$ 的纯度提高到 12 个“9”以上。

3) 三氯氢硅的还原

净化后的三氯氢硅采用高温还原工艺，以高纯的 $SiHCl_3$ 在 H_2 气氛中还原沉积而生成多晶硅，如图 2-2 所示，其化学反应如式(2-2)所示。

多晶硅的反应容器为密封的，用电加热硅棒(直径为 5～10mm，长度为 1.5～2m，数量为 80 根)，在 1050～1100℃的棒上生长多晶硅，直径可达到 150～200mm。这样大约 1/3 的三氯氢硅发生反应，并生成多晶硅。剩余部分同 H_2、HCl、$SiHCl_3$、$SiCl_4$ 从反应容器中分离。对这些混合物进行低温分离，或再利用，或返回到整个反应中。气态混合物的分离是复杂的、耗能较大的，从某种程度上决定了多晶硅的成本和该工艺的竞争力。

4) 四氯化硅的氢化

目前，国内外进行四氯化硅氢化转化为三氯氢硅的方法主要有两种。一种采用的是如式(2-5)所示的反应原理。

$$3SiCl_4 + Si + 2H_2 = 4SiHCl_3 \tag{2-5}$$

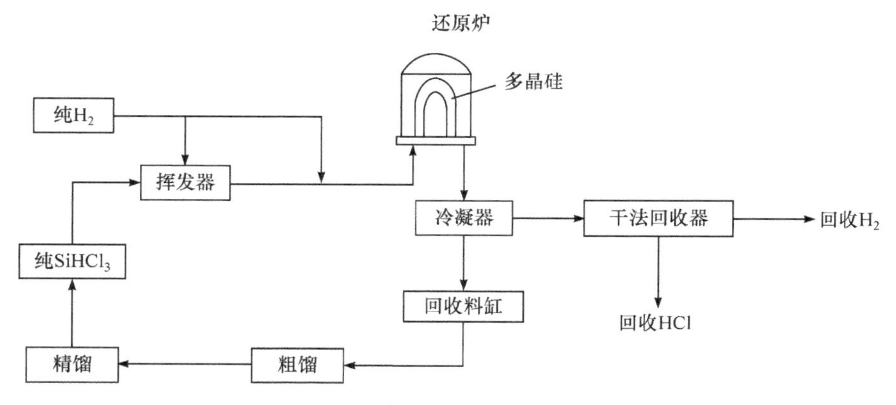

图 2-2　三氯氢硅还原工艺流程图

这种方法是利用四氯化硅与硅粉和氢气在较高温度、压力的沸腾炉中反应，生成三氯氢硅(实际是三氯氢硅、四氯化硅、氢气等的混合气，需要冷凝后送精馏分离提纯)。据国外报道，其转化率最高为 25%。这种氢化方法由于采用了工业硅粉，因此得到的产品纯度不高，需要进行进一步的精馏提纯，才能得到最终可供氢还原使用的三氯氢硅，这就增加了能耗。并且由于该反应温度较高，反应压力也较高(十多个大气压)，对设备的要求也很高。此外，由于硅粉的硬度很大，在反应过程中呈沸腾状，对沸腾炉的内壁造成严重的摩擦，使内壁变薄，缩短了沸腾炉的寿命。

近几年，国内外逐渐发展了另一种四氯化硅氢化的方法，即“热氢化”，其反应原理如式(2-6)所示：

$$SiCl_4 + H_2 \xrightleftharpoons{\sim 1200℃} SiHCl_3 + HCl \tag{2-6}$$

将一定配比的四氯化硅、氢气的混合气体送入反应炉，在高温下进行反应，得到三氯氢硅，同时生成氯化氢。整个过程与氢化还原反应很相似，都需要制备混合气的蒸发器，氢化反应炉与还原炉也很相似，只不过得到的是三氯氢硅而不是多晶硅，热氢化的整个流程如图 2-3 所示。

四氯化硅被送到蒸发器中蒸发为气态，并与回收氢气及补充的氢气按一定比例(摩尔比)形成混合物，这一过程的原理、设备及操作和氢还原的混合物制备过程相同，只是两者的控制参数不同。所制得的四氯化硅和氢气的混合气进入氢化炉中，在氢化炉内炽热的发热体表面发生反应，生成三氯氢硅和氯化氢。这个过程的四氯化硅并不是百分之百地转化为三氯氢硅，真正参与反应的四氯化硅只占一小部分。因此，从氢化炉内出来的尾气还含有大量的氢气和四氯化硅，以及三氯氢硅和氯化氢，这些尾气被送到回收装置中，将各个组分分离出来，氢气返回氢化反应中，氯化氢被送去参与三氯氢硅合成，氯硅烷(其中四氯化硅占大部分，其余是三氯氢硅)被精馏分离提纯后，四氯化硅返回氢化的蒸发器中，三氯氢硅用于氢还原制取多晶硅。

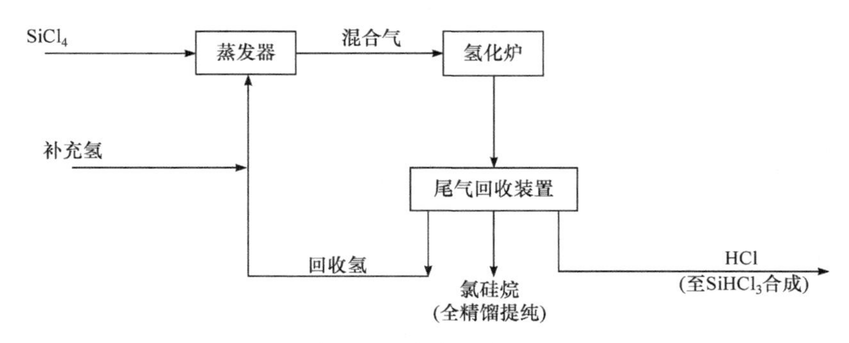

图 2-3　三氯氢硅合成图

5) 尾气处理

在改良西门子法生产工艺中，有一些关键技术我国还没有掌握，在提炼过程中，70%以上的多晶硅都通过氯气排放了，不仅提炼成本高，而且环境污染非常严重。所以我们在生产多晶硅的同时还需要做好尾气处理措施，接下来将介绍改良西门子法制备高纯多晶硅中三氯氢硅的提纯与尾气处理。

从尾气的主要成分可知，综合回收的关键是将三氯氢硅气体与氯化氢、氢气分离，以便分别回收利用，实现三氯氢硅合成的闭路循环工艺流程，其回收工艺流程如图 2-4 所示。

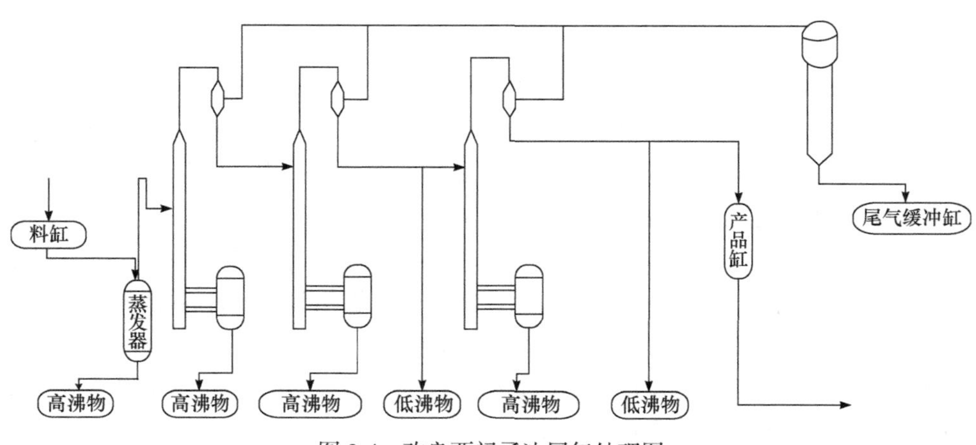

图 2-4　改良西门子法尾气处理图

实验 2.2.2　硅烷热分解法制备多晶硅

1. 实验目的

(1) 理解硅烷热分解法(硅烷法)的原理。

(2) 掌握硅烷热分解法的工艺。

2. 实验设备

PECVD 设备。

3. 实验原理

1956 年，英国标准电信实验所成功研发出了硅烷(SiH_4)热分解制备多晶硅的方法，即通常所说的硅烷法。1959 年，日本的石冢研究所也同样成功地开发出了该方法。后来，美国联合碳化合物公司采用歧化法制备 SiH_4，并综合上述工艺且加以改进，便诞生了生产多晶硅的新硅烷法。

硅烷法以氟硅酸、钠、铝、氢气为主要原辅材料，通过 $SiCl_4$ 氢化法、硅合金分解法、氢化物还原法、硅的直接氢化法等方法制取 SiH_4，然后将 SiH_4 提纯后通过 SiH_4 热分解生产纯度较高的棒状多晶硅。硅烷法与改良西门子法接近，只是中间产物不同：改良西门子法的中间产物是 $SiHCl_3$；而硅烷法的中间产物是 SiH_4。

SiH_4 热分解法的整个工艺流程可分为三个部分：SiH_4 的合成、提纯和热分解。

1) SiH_4 的合成

硅化镁热分解生成 SiH_4 是目前工业上广泛采用的方法。硅化镁(Mg_2Si)是将硅粉和镁粉在氢气(也可在真空或在 Ar 气)中加热至 500～550℃时混合而成的，其反应如式(2-7)所示：

$$2Mg + Si = Mg_2Si \tag{2-7}$$

然后使硅化镁和固体氯化铵在液氨介质中反应得到 SiH_4，反应如式(2-8)所示：

$$Mg_2Si + 4NH_4Cl = SiH_4\uparrow + 2MgCl_2 + 4NH_3\uparrow \tag{2-8}$$

其中液氨不仅是介质，它还提供一个低温的环境。这样所得的 SiH_4 比较纯，但在实际生产中尚有未反应的镁存在，所以会发生式(2-9)所示的副反应：

$$Mg + 2NH_4Cl = MgCl_2 + 2NH_3 + H_2\uparrow \tag{2-9}$$

因此生成的 SiH_4 气体中往往混有氢气。生产中所用的氯化铵一定要干燥，否则硅化镁与水作用生成的产物不是 SiH_4，而是氢气，其反应如式(2-10)所示：

$$2Mg_2Si + 8NH_4Cl + 3H_2O = 4MgCl_2 + Si_2H_2O_3 + 8NH_3\uparrow + 6H_2\uparrow \tag{2-10}$$

由于 SiH_4 在空气中易燃，浓度高时容易发生爆炸，因此，整个系统必须与氧隔绝，严禁与外界空气接触。

2) SiH_4 的提纯

SiH_4 在常温下为气态，一般来说气体提纯比液体和固体容易。因为 SiH_4 的生成温度低，大部分金属杂质在这样低的温度下不易形成挥发性的氢化物，而即便能生成，也因其沸点较高难以随 SiH_4 挥发出来，所以 SiH_4 在生成过程中就已经经过一次冷却，有效地除去了那些不生成挥发性氢化物的杂质。

SiH_4 的提纯是在液氨中进行的，在低温下乙硼烷(B_2H_6)与液氨生成难以挥发的络合物($B_2H_6 \cdot 2NH_3$)而被除去，因而生成的 SiH_4 不含硼杂质，这是 SiH_4 法的优点之一。但 SiH_4 中还有氨、氢及微量磷化氢(PH_3)、硫化氢(H_2S)、砷化氢(AsH_3)、锑化氢(SbH_3)、甲烷(CH_4)、水等杂质。由于 SiH_4 与它们的沸点相差较大，所以可用低温液化方法除去水和氨，再用精馏提纯除去其他杂质。

此外，还可用吸附法、预热分解法(因为除 SiH_4 的分解温度高达 600℃外，其他杂质氢化物气体的分解温度均低于 380℃，所以把预热炉的温度控制在 380℃左右，就可将杂质的氢化物分解，从而达到纯化 SiH_4 的目的)，或者将多种方法组合使用都可以达到提纯的目的。

SiH_4 的热分解：将 SiH_4 气体导入 SiH_4 分解炉，在 800～900℃的发热硅芯上，SiH_4 分解并沉积出高纯多晶硅，其反应如式(2-11)所示：

$$SiH_4 = Si + 2H_2 \uparrow \tag{2-11}$$

3) SiH_4 热分解

(1) 分解过程不加还原剂，因而不存在还原剂的玷污。

(2) SiH_4 纯度高。在 SiH_4 合成过程中，就已有效地去除了金属杂质。尤其可贵的是因为氨对硼氢化合物有强烈的络合作用，能除去硅中最难以分离的有害杂质硼。然后还能用对磷烷、砷烷、硫化氢、硼烷等杂质有很高吸附能力的分子筛提纯 SiH_4，从而获得高纯度的产品，这是 SiH_4 热分解法的又一个突出的优点。

(3) SiH_4 分解温度一般为 800～900℃，远低于其他方法，因此由高温挥发或扩散引入的杂质就少。同时，SiH_4 的分解产物都没有腐蚀性，从而避免了对设备的腐蚀以及硅受腐蚀而被玷污的现象。而四氯化硅或三氯氢硅氢气还原法都会产生强腐蚀性的氯化氢气体。

因 SiH_4 气是易燃易爆的气体，所以整个吸附系统以及分解室都要有高度严密性，必须隔绝空气。储藏和运输 SiH_4 常采用两种方法：一种是用分子筛吸附 SiH_4，使用时可用氖气携带；另一种是把 SiH_4 压入钢瓶，再以氢气稀释，使其浓度降至 5%以下，从而避免爆炸、燃烧的危险。

4. 实验内容

(1) 硅烷 SiH_4 的合成：以金属硅、氢气和四氯化硅为初始原料进行氢化反应，从产品中分馏出 SiH_4，未反应的氢气和四氯化硅则返回氢化工序。

(2) SiH_4 的提纯：SiH_4 在生成过程中就已经经过一次冷却，有效地除去了那些不具有挥发性氢化物的杂质。

(3) SiH_4 的热分解：将 SiH_4 气体导入 SiH_4 分解炉，在 800～900℃的发热硅芯上，SiH_4 分解并沉积出高纯多晶硅，反应产生的氢气则返回氢化工序。

5. 数据处理

自行记录实验结果。

6. 思考题

(1) 硅烷热分解法会产生哪些尾气？怎么处理？

(2) 试写出硅烷热分解法的工艺流程。

实验 2.2.3　流化床法制备多晶硅

1. 实验目的

(1) 理解流化床法制备多晶硅的反应机理。

(2) 掌握流化床法制备多晶硅的工艺流程。

2. 实验设备

流化床反应炉。

3. 实验原理

最早推出的流化床法，以 STC、H_2、冶金硅和 HCl 为原料在流化床(FBR)高温(500℃以上，不算很高)高压(20bar①以上)下氢化生成 TCS，TCS 通过一系列歧化反应后制得硅烷气，硅烷气再通入有小颗粒硅粉的流化床反应炉内连续热解为粒状多晶硅。这种方法制得的多晶硅纯度相对较低，但基本能满足太阳能级多晶硅的要求。

硅烷流化床法(Silane FBR)，将硅烷(UCC 法制成的硅烷可以包含副产品 DCS)通入加有小颗粒硅粉的流化床(FBR)反应炉内进行连续热分解反应，生成粒状多晶硅。

硅烷流化床法的优点在于热解时温度要求较低、参与反应的硅料表面积大、生产效率高，所以还原电耗低于改良西门子法。

另外，硅烷流化床法是一个连续生产的过程，除定期清床之外，设备可连续运行，也不需要换装硅芯、配置碳电极等，这些优点均反映硅烷法生产多晶硅的现金成本很低。

4. 实验内容

(1) 硅烷制备：以四氯化硅、氢气、氯化氢和工业硅为原料在流化床内(沸腾床)高温高压下生成三氯氢硅，将三氯氢硅进一步歧化并加氢反应生成二氯二氢硅，继而生成硅烷气。

(2) 流态化过程：当流体向上流过颗粒床层时，其运动状态是变化的。流速较低时，颗粒静止不动，流体只在颗粒之间的缝隙中通过。当流速增加到某一速度之后，颗粒不再由分布板所支持，而全部由流体的摩擦力所承托。此时，对于单个颗粒来讲，它不再依靠与其他邻近颗粒的接触而维持它的空间位置，相反地，

---

① $1bar=10^5Pa$。

在失去了以前的机械支撑后，每个颗粒可在床层中自由运动；就整个床层而言，具有了许多类似流体的性质。这种状态就称为流态化。颗粒床层从静止状态转变为流态化时的最低速度，称为临界流化速度。

(3) 流化床的性质：在任一高度的静压近似于在此高度以上单位床截面内固体颗粒的重量；无论床层如何倾斜，床表面总是保持水平，床层的形状也保持容器的形状；床内固体颗粒可以像流体一样从底部或侧面的孔口中排出；密度高于床层表观密度的物体在床内会下沉，密度小的物体会浮在床面上；床内颗粒混合良好，因此，当加热床层时，整个床层的温度基本均匀。

(4) 制得的硅烷气通入加有小颗粒硅粉的流化床反应炉内进行连续热分解反应，生成粒状多晶硅产品。

5. 数据处理

自行记录实验结果。

6. 思考题

(1) 相对于改良西门子法，流化床法有何优缺点？

(2) 流化床法制多晶硅能否与单晶硅制备相结合？请说明理由。

7. 内容拓展：流化床法制备多晶硅

流化床法也缩写为 FBR，即使用流化床反应器进行多晶硅生产的工艺方法，生产示意图如图 2-5 所示。目前，在多晶硅生产领域，流化床反应器一般有两种使用方式。

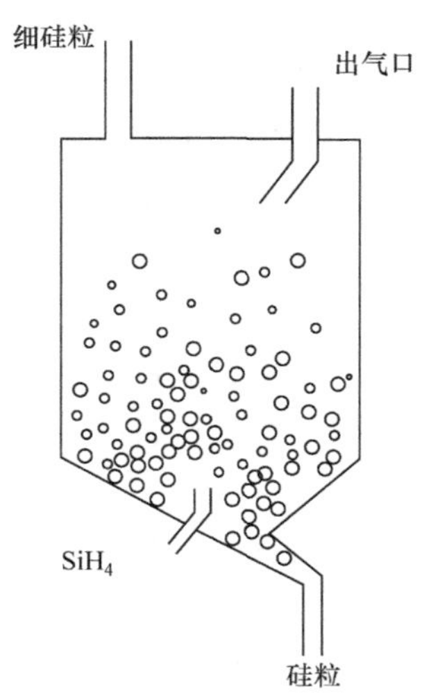

图 2-5　流化床法制备多晶硅示意图

(1) 上述硅烷法中提到的使用方式，在反应器内加入细硅粒作为晶种，并通入 SiH_4 气作为反应气体，一般在通入 SiH_4 气的同时，通入一定量的保护气体，如氩气、氮气等，这些保护气体通入流化床前已经加热到规定的温度。控制适当的温度和压力，使 SiH_4 气在流化床反应器内进行热分解反应，分解生成 Si 和 H_2，生成的 Si 在预先加入的细硅粒表面沉积，得到粒状多晶硅。

(2) 以 $SiCl_4$、H_2、HCl、工业 Si 粉为原料，控制适当的温度和压力，使上述原料在流化床内发生化学反应，生成 $SiHCl_3$，$SiHCl_3$ 通过歧化反应生成 SiH_2Cl_2 和 $SiCl_4$。其中，SiH_2Cl_2 发生分解，生成 SiH_4 气和 $SiHCl_3$。制取的 SiH_4 气在流化床反应炉内进行热分解反应，生成的多晶硅在预先加入的细硅粒表面生长，最终得到粒状多晶硅。这种生产过程示意图如图 2-6 所示，涉及的化学反应方程式如式(2-12)～式(2-15)所示：

$$3SiCl_4 + H_2 + 2Si + 3HCl = 5SiHCl_3 \tag{2-12}$$

$$2SiHCl_3 = SiCl_4 + SiH_2Cl_2 \tag{2-13}$$

$$3SiH_2Cl_2 = 2SiHCl_3 + SiH_4 \tag{2-14}$$

$$SiH_4 = 2H_2 + Si \tag{2-15}$$

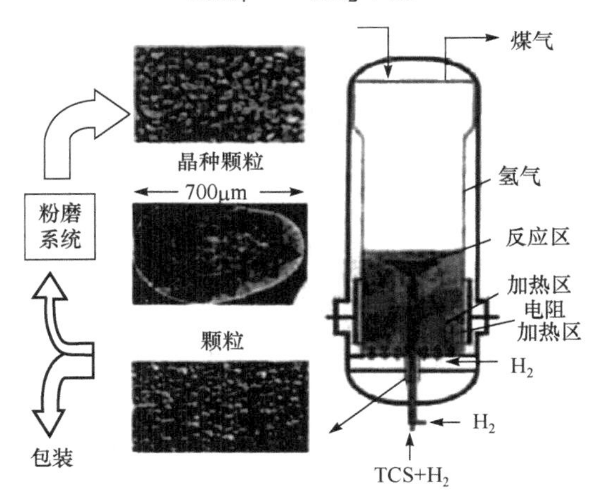

图 2-6　三氯氢硅流化床法示意图

流化床技术具有反应温度低(550～700℃)、沉积效率高(整个流化床内温度基本一致，硅粒比表面积大，有利于气相沉积反应的进行)、连续化不间断生产等优点。目前，采用流化床法生产颗粒状多晶硅的公司有美国的 REC、瓦克公司、MEMC 等。

2.3　单晶硅制备实验

无论铸造多晶硅的生产还是单晶硅的制备都是以高纯多晶硅为原料的。微电子工业中以及单晶硅太阳能电池所使用的硅片的前身是单晶硅锭，因此从高纯多晶硅转化成单晶硅对于微电子工业和单晶硅太阳能电池的生产而言是极其关键的一步。高纯多晶硅的生产主要是典型的精细化工生产过程，而由高纯的多晶硅生长单晶硅则基本是以直拉法(CZ)和悬浮区熔法(FZ)两种物理提纯生长方法为主，且到目前为止仅这两种单晶硅的生长方法被大规模地应用到工业生产中。由这两种方法得到的硅单晶分别称为 CZ 硅和 FZ 硅。

实验 2.3.1　直拉法制备单晶硅棒

1. 实验目的

(1) 理解直拉法的基本原理。

(2) 掌握直拉法制备单晶硅棒的制备流程。

2. 实验设备

直拉单晶炉、石英坩埚等。

3. 实验原理

直拉法是把原料多晶硅硅块放入石英坩埚中，在单晶炉中加热熔化，再将一根直径只有 10mm 的棒状晶种(称籽晶)浸入溶液中。在合适的温度下，溶液中的硅原子会顺着晶种硅原子的排列结构在固液交界面上形成规则的结晶，称为单晶体。把晶种微微地旋转向上提升，溶液中的硅原子会在前面形成的单晶体上继续结晶，并延续其规则的原子排列结构。若整个结晶环境稳定，就可以周而复始地形成结晶，最后形成一根圆柱形的原子排列整齐的硅单晶晶体，即硅单晶锭。当结晶加快时，晶体直径会变粗，提高晶种的旋转升速可以使直径变细，增加温度能抑制结晶速度。反之，若结晶变慢，直径变细，则通过降低拉速和降温去控制。拉晶开始，先引出一定长度的直径为 3～5mm 的细颈，以消除结晶位错，这个过程称为引晶。然后放大单晶体直径至工艺要求，进入等径阶段，直至大部分硅溶液都结晶成单晶锭，只剩下少量剩料。在拉制单晶过程中，不仅要获得完整的单晶锭，同时还要严格控制单晶性能参数，如单晶直径、晶向、导电型号以及电阻率和电阻率均匀性等，以达到所需要求。

直拉法晶体生长设备的炉体，一般由金属(如不锈钢)制成。利用籽晶杆和坩埚杆分别夹持籽晶和支撑坩埚，并能旋转和上下移动，坩埚一般用电阻或高频感应加热。制备半导体和金属时，用石英、石墨和氮化硼等作为坩埚材料；而对于氧化物或碱金属、碱土金属的卤化物，则用铂、铱或石墨等作为坩埚材料。炉内气氛可以是惰性气体，也可以是真空。使用惰性气体时，压力一般是一个大气压，也有用减压的(如 5～50mTorr[①])。

① $1\text{Torr}=1.333\times10^2\text{Pa}$。

直拉单晶炉机械结构的工作原理如下。

在惰性气体(氩气)环境中，用石墨电阻加热器将多晶硅材料熔化，在特定温度区域内采用软籽晶轴提升旋转机构，对原籽晶进行匀速旋转提升，与此同时，坩埚随着单晶的生长匀速旋转提升，实现生长无位错单晶硅棒的过程。

直拉单晶炉是一种在惰性气体(氮气、氦气为主)环境中，用石墨加热器将多晶硅等多晶材料熔化，用直拉法生长无错位单晶的设备。

直拉单晶炉机械结构如图 2-7 所示。

图 2-7　直拉单晶炉

4. 实验内容

1) 加料

将多晶硅和掺杂剂置入直拉单晶炉内的石英坩埚中，杂质的种类依电阻的 N 或 P 型而定。杂质种类有硼、磷、锑、砷。在轻掺杂的情况下，P 型的掺杂物一般为硼，N 型的掺杂物一般为磷，而在拉制重掺 N 型硅单晶时，需要使用特殊的掺杂方法。

2) 熔料

将多晶硅原料加入石英坩埚内后，长晶炉必须关闭并抽成真空后充入高纯氩气使之维持在一定压力范围内，然后打开石墨加热器电源，加热至熔化温度(1420℃)以上使多晶硅和掺杂物熔化，如图 2-8 所示。

在此过程中，最重要的控制参数是加热功率的大小。加热功率过小会使得整个熔化过程耗时太久而降低产率，加热功率过大，熔化多晶硅时，虽然可缩短熔化时间，但有可能造成石英坩埚壁的过度损伤，而缩短石英坩埚的寿命，这一点在拉制大直径硅单晶时是非常危险的。多晶硅熔化后，应在高温下保持一段时间，以排出熔融体中的气泡。因为如果在晶体生长过程中存在微小气泡发射至固液界面，将有可能导致晶体失去无位错生长特征(俗称“断苞”)，或者在晶体中引起空洞。

3) 引晶

当多晶硅熔融体温度稳定后，将籽晶慢慢下降进入硅熔融体中(籽晶在硅熔融体中也会被熔化)，然后具有一定转速的籽晶按一定速度向上提升，由于轴向及径向温度梯度产生的热应力和熔融体表面张力的作用，籽晶与硅熔融体的固液交接面之间的硅熔融体冷却成固态的硅单晶，如图 2-9 所示。

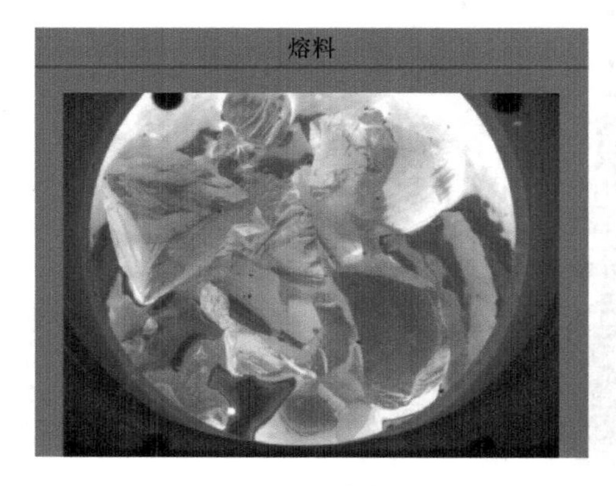

图 2-8　熔料

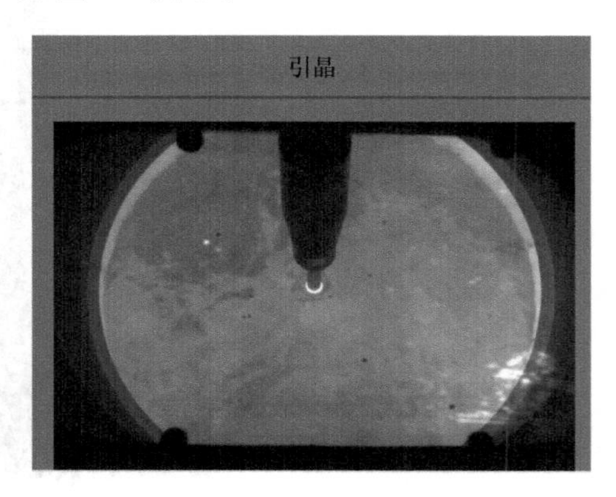

图 2-9　引晶

4) 缩径

当籽晶与硅熔融体接触时，温度梯度产生的热应力和熔融体的表面张力作用，会使籽晶晶格产生大量位错，可利用缩径工艺消除这些位错。即使用无位错单晶作为籽晶浸入熔融体后，由于热冲击和表面张力效应也会产生新的位错。因此制作无位错单晶时，需在引晶后先生长一段“细颈”单晶(直径为 2～4mm)，并加快提拉速度。由于细颈处应力小，不足以产生新位错，也不足以推动籽晶中原有的位错迅速移动。这样，晶体生长速度超过了位错运动速度，与生长轴斜交的位错就被中止在晶体表面，从而可以生长出无位错硅单晶。无位错硅单晶的直径生长粗大后，尽管有较大的冷却应力，也不易被破坏。

5) 放肩

在缩径工艺中，当细颈生长到足够长度时，通过逐渐降低晶体的提升速度及进行温度调整，使晶体直径逐渐变大而达到工艺要求直径的目标值，为了降低晶棒头部的原料损失，目前几乎都采用平放肩工艺，即使肩部夹角呈 180°，如图 2-10 所示。

6) 等径生长

在放肩后，当晶体直径达到工艺要求直径的目标值时，通过逐渐提高晶体的提升速度及温度的调整速度，使晶体生长进入等直径生长阶段，并使晶体直径控制在大于或接近工艺要求的目标公差值，如图 2-11 所示。

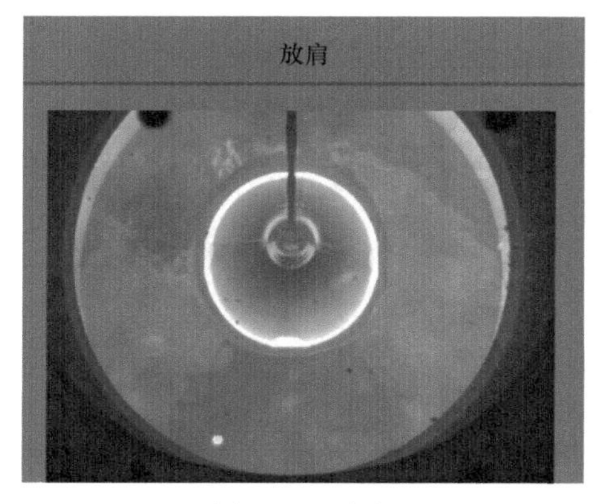

图 2-10　放肩

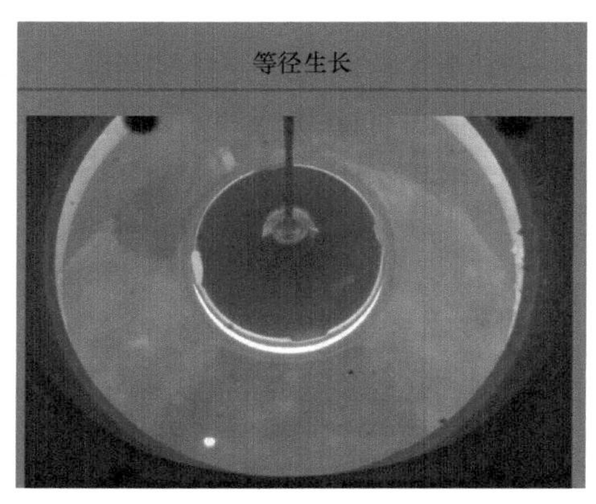

图 2-11　等径生长

在等径生长阶段，对拉晶的各项工艺参数的控制非常重要。由于在晶体生长过程中，硅熔融体液面逐渐下降及加热功率逐渐增大等各种因素的影响，晶体的散热速率随着晶体的长度增长而递减。因此固液交接界面处的温度梯度变小，从而使得晶体的最大提升速度随着晶体长度的增长而减小。

7) 收尾

晶体的收尾主要是防止位错的反延，一般讲，晶体位错反延的距离大于或等于晶体生长界面的直径，因此当晶体生长的长度达到预定要求时，应该逐渐缩小晶体的直径，直至最后缩小成为一个点而离开硅熔融体液面，这就是晶体生长的收尾阶段，如图 2-12 所示。

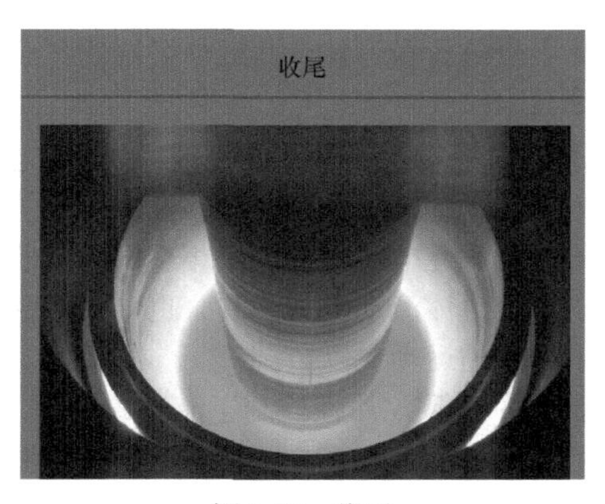

图 2-12　收尾

5. 实验注意事项

(1) 对于在高温下易于分解且其组成元素容易挥发的材料(如 GaP、InP)，一般使用“液封技术”，即将熔融体表面覆盖一层不与熔融体和坩埚反应而且比熔融体轻的液体(如拉制 GaAs 单晶时用 B_2O_3)，再在高气压下拉晶，借以抑制分解和挥发。

(2) 为了控制和改变材料性质，拉晶时往往需要加入一定量的特定杂质，如在半导体硅中加入磷或硼，以得到所需的导电类型(N 型或 P 型)和各种电阻率。此外，熔融体内还有来自原料本身的或来自坩埚的杂质玷污。这些杂质在熔融体中的分布比较均匀，但在结晶时就会出现分凝效应。

6. 数据处理

自行记录数据。

7. 思考题

(1) 直拉法的制备原理是什么?

(2) 制备单晶硅时需要注意什么?

8. 延伸拓展：新型 CZ 硅生长技术

1) 磁场直拉(MCZ)法制备单晶硅

为了克服普通的 CZ 生长方法在生长硅单晶所固有的一些局限性，发展了 MCZ 生长技术。

在 CZ 晶体的生长期间，由于熔融体存在热对流，微量杂质分布不均匀，形成生长条纹。因此，在拉晶过程中，如何抑制熔融体的热对流和温度波动，一直是单晶生产厂家棘手的问题。为了抑制熔融体的热对流以降低熔硅与石英坩埚的反应速率，并使氧可控，从而生长出高质量的单晶。由于半导体熔融体都是良导体，对熔融体施加磁场，熔融体会受到与其运动方向相反的洛伦兹力作用，可以阻碍熔融体中的对流，这相当于增大了熔融体中的黏滞性。适当分布的磁场能起到减少氧、硼、铝等杂质从石英坩埚进入熔融体，进而进入晶体的作用。采用这种技术生长出的硅晶体中氧的含量可控，并减少了杂质条纹。在生产中通常采用水平磁场、垂直磁场等技术。

MCZ 法的基本原理：在熔融体施加磁场后，运动的导电熔融体体元受到洛伦兹力作用。由洛伦兹力可知，穿过磁力线运动的导电熔融体内部会产生与移动方向和磁场方向相垂直的电流。此电流与磁力线相互作用，使导电熔融体受到与移动方向相反的作用力，使熔融体流动受到抑制，也可将洛伦兹力抑制热对流的效应理解为磁场增加了熔融体的运动黏度。

MCZ 法有许多优越性：磁致黏滞性控制了流体的运动，大大地减少了机械振动等原因造成的熔硅液面的抖动，也减少了熔融体的温度波动；控制了熔硅与石英坩埚壁的反应速率，增大氧富集层的厚度，以达到控制含氧量的目的。与常规

CZ 单晶相比，最低氧浓度可降低一个数量级；有效地减少或消除杂质的微分凝效应，使各种杂质分布均匀，减少生长条纹；减少了由氧引起的各种缺陷；由于含氧量可控，晶体的屈服强度可控制在某一范围内，从而减小了片子的翘曲；尤其是硼等杂质玷污少，可使直拉硅单晶的电阻率得到大幅度的提高；氧分布均匀，满足了大规模和超大规模集成电路的要求。

2) 连续 CZ 生长技术

为了提高生产率，节约石英坩埚(在晶体生产成本中占相当比例)，发展了连续直拉生长技术，主要是重新装料和连续加料两种技术。

重新装料直拉生长技术：可节约大量时间(生长完毕后的降温、开炉、装炉等)，一个坩埚可用多次。

连续加料直拉生长技术：除了具有重新装料的优点外，还可保持整个生长过程中熔融体的体积恒定，提高基本稳定的生长条件，因而可得到电阻率纵向分布均匀的单晶。连续加料直拉生长技术有两种加料法：连续固体送料法和连续液体送料法。

实验 2.3.2　悬浮区熔法制备单晶硅

1. 实验目的

(1) 了解悬浮区熔法制备单晶硅的原理。

(2) 掌握悬浮区熔法制备多晶硅的工艺流程。

2. 实验设备

悬浮区熔单晶炉。

3. 实验原理

区域熔炼是一个简单的物理过程，指根据液体混合物在冷凝结晶过程中组分重新分布(称为偏析)的原理，通过多次熔融和凝固，制备高纯度的(可达 99.999%)金属、半导体材料和有机化合物的一种提纯方法，属于热质传递过程。

区域熔炼的典型方法是将被提纯的材料制成长度为 0.5～3m(或更长)的细棒，通过高频感应加热，使一小段固体熔融成液态，熔融区液相温度仅比固体材料的熔点高几摄氏度，稍加冷却就会析出固相。熔融区沿轴向缓慢移动(每小时几至十几厘米)。杂质的存在一般会降低纯物质的熔点，所以熔融区内含有杂质的部分较难凝固，而纯度较高的部分较易凝固，因而析出固相的纯度高于液相。随着熔融区向前移动，杂质也随着移动，最后富集于棒的一端，予以切除。

在熔炼过程中，锭料水平放置，称为水平区熔，如锗的区熔一般采用水平区熔；锭料竖直放置且不用容器，称为悬浮区熔，如硅的无坩埚区域熔炼。

直拉法的一个缺点是坩埚中的氧进入晶体中，对于有些器件，高水平的氧是不能接受的。对于这些特殊情况，晶体必须用区熔法技术来生长以获得低氧含量晶体。

熔区悬浮的稳定性很重要，稳定熔区的力主要是熔融体的表面张力和加热线圈提供的磁浮力，而造成熔区不稳定的力主要是熔硅的重力和旋转产生的离心力。要熔区稳定地悬浮在硅棒上，前两种力之和必须大于后两种力之和。采用单匝盘形加热线圈，熔区上方的多晶棒和下方的单晶棒的直径均可大于线圈的内径。区熔时熔区不与任何异物接触，不会受到玷污，还有硅中杂质的分凝效应和蒸发效应，生长出的单晶纯度很高。

生长单晶体的方法：将棒状多晶锭熔化一窄区，其余部分保持固态，然后使这一熔区沿晶锭的长度方向移动，使整个晶锭的其余部分依次熔化后又结晶。区熔法可用于制备单晶和提纯材料，还可得到均匀的杂质分布。这种技术可用于生产纯度很高的半导体、金属、合金、无机和有机化合物晶体(纯度可达 10^{-9}～10^{-6})。在头部放置一小块单晶即籽晶，并在籽晶和原料晶锭相连区域建立熔区，移动晶锭或加热器使熔区朝晶锭长度方向不断移动。

悬浮区熔单晶炉(Float Zone Crystal Growth Furnace)，如图 2-13 所示，是用于悬浮区熔提纯与悬浮单晶生长的装置。该装置主要用于区熔硅的提纯和单晶生长，已用于工业生产半导体材料。结构由两部分组成，即炉室和机械传动部分以及电气控制柜和高频发生器部分。炉室为一个不锈钢水套式直立容器，可抽高真空或通入流动氩气。从炉室顶底端各插入上轴和下轴，上轴下端夹持一根多晶硅棒，下轴顶端夹持一籽晶。炉室中央装设一单匝高频加热线圈。上下轴可分别旋转和升降。电气控制柜上装有指示仪表、调速旋钮、按钮开关。柜内装有电机控制系统等。高频发生器的频率为 2～2.5MHz、功率为 40～60kW。

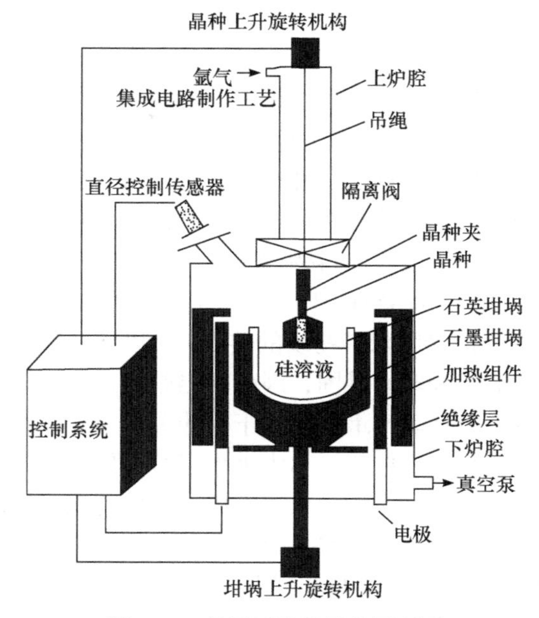

图 2-13　悬浮区熔单晶炉原理图

4. 实验内容

(1) 将原料放入一长舟之中，舟应采用不玷污熔融体的材料制成，如石英、氧化镁、氧化铝、氧化铍、石墨等。舟的头部放籽晶。加热可以使用电阻炉，也可使用高频炉。

(2) 用垂直浮带区熔法拉晶时，先从上、下两轴用夹具精确地垂直固定棒状多晶锭。用电子轰击、高频感应或光学聚焦法将一段区域熔化，使液体靠表面张力支持而不坠落。移动样品或加热器使熔区移动。

(3) 这种方法不用坩埚，能避免坩埚污染，因而可以制备很纯的单晶和熔点极高的材料(如熔点为 3400℃的钨)，也可采用此法进行区熔。大直径硅的区熔是靠内径比硅棒粗的“针眼型”感应线圈实现的。

(4) 为了达到单晶的高度完整性，在接好籽晶后生长一段直径为 2～3mm、长 10～20mm 的细颈单晶，以消除位错。此外，区熔硅的生长速度超过 5～6mm/min 时，还可以阻止漩涡缺陷的生成。

(5) 为确保生长沿所要求的晶向进行，也需要使用籽晶，采用与直拉单晶类似的方法，将一个很细的籽晶快速插入熔融晶柱的顶部，先拉出一个直径约 3mm，长 10～20mm 的细颈，然后放慢拉速，降低温度放肩至较大直径。

5. 实验注意事项

顶部安置籽晶技术的困难在于，晶柱的熔融部分必须承受整体的重量，而直拉法则没有这个问题，因为此时晶锭还没有形成。这就使得该技术仅限于生产不超过几千克的晶锭。

6. 数据处理

自行记录实验情况。

7. 思考题

(1) 悬浮区熔法有何优缺点？

(2) 悬浮区熔单晶炉的构成是什么？

2.4　多晶硅锭制备实验

1. 实验目的

(1) 掌握热交换法制备多晶硅锭的制备工艺。

(2) 了解多晶硅锭各种制备方法的优缺点。

2. 实验设备

结晶炉。

3. 实验原理

太阳能级铸造多晶硅锭的关键技术是采用定向凝固的方法，即在凝固过程中通过控制液-固界面的温度梯度，实行可控的定向凝固，从而获得多晶柱状晶。在定向凝固过程中，由于合金元素在固相和液相中的溶解度不同，通过利用元素的分凝效应，可以使杂质元素偏聚到最后凝固的液相中，从而达到提纯的目的。在多晶硅中，金属杂质的平衡分凝系数都很小，采用定向凝固法可以有效地把这些元素驱赶到铸锭末段，同时通过控制单向热流获得沿生长方向整齐排列的柱状晶组织。铸造凝固多晶硅是利用定向凝固技术，在坩埚中制备晶体硅材料，其生长简便，易于大尺寸生长和晶粒尺寸的精确控制，并且容易直接切成方形硅片，材料的损耗小，同时定向凝固多晶硅生产能耗相对小，促使材料成本进一步降低，而且定向凝固多晶硅技术，对硅原材料纯度的容忍度要比直拉单晶硅高。

铸造多晶硅的制备方法按照制备时采用的坩埚数量分为浇铸法与直接熔融定向凝固法(此处包括所有采用单坩埚的方法)，也有的将其细分为布里奇曼法、热交换法、电磁铸锭法、浇铸法。

布里奇曼法是一种经典的较早的定向凝固法，又称坩埚下降法，具体流程是将晶体生长所需材料置于圆柱形的坩埚中，缓慢地下降，并通过一个具有一定温度梯度的加热炉，将炉温控制在略高于材料的熔点附近。根据材料的性质及加热器件可以选用电阻炉或高频炉。在通过加热区域时，坩埚中的材料被熔融，当坩埚持续下降时，坩埚底部的温度先下降到熔点以下，并开始结晶，晶体随坩埚下降而持续长大。该方法的特点是坩埚和热源在凝固开始时做相对位移，分液相区和凝固区，液相区和凝固区用隔热板隔开。液固区交界处的温度梯度必须大于0，长晶速度受工作台下移速度及冷却水流量控制，长晶速度接近于常数，长晶速度可以调节。硅锭高度主要受设备及坩埚高度限制。生长速度为0.8～1.0mm/min。布里奇曼法的缺点在于炉子结构比热交换法复杂，坩埚需升降且下降速度必须平稳，其次坩埚底部需水冷。

热交换法是目前国内铸锭生产厂家主要使用的一种方法，也是目前国内多晶硅铸锭炉生产厂家的主要产品。该方法的特点是坩埚和热源在熔化及凝固整个过程中均无相对位移。一般在坩埚底布置一热开关，熔化时热开关关闭，起隔热作用；凝固开始时热开关打开，以增强坩埚底部散热强度。长晶速度受坩埚底部散热强度控制，如用水冷，则受冷却水流量(及进出水温差)所控制。由于定向凝固只能是单方向热流(散热)，径向(即坩埚侧向)不能散热，即径向温度梯度大小趋于0，而坩埚和热源又静止不动，因此随着凝固的进行，热源即热场温度(大于熔点温度)会逐步向上推移，同时又必须保证无径向热流，所以温场的控制与调节难度要大。在各方法所用的铸锭炉中，该方法所用的铸锭炉结构较简单，宜采用自动化控制的工业化生产，所需人工少；且该方法可以通过控制垂直方向的温度梯度使固液界面尽量平直，从而有利于得到生长取向性好的柱状多晶硅锭；该方法中晶体生长完成后一直保持在高温，相当于对多晶硅进行“原位”热处理，可降低体内热应力，从而降低位错密度。

电磁铸锭法是利用电磁感应的冷坩埚来加热熔化硅原料，熔化与凝固可在不同部位同时进行，节约时间，进行连续浇铸速度可达到 5 mm/min；熔融体与坩埚不直接接触，没有坩埚的消耗，降低了成本，同时又可减少杂质污染，特别是有可能大幅降低氧浓度和金属杂质浓度；而且电磁力对硅熔融体的作用，可使硅熔融体中掺杂剂的分布更为均匀。

浇铸法将熔炼及凝固分开，熔炼在一个石英砂炉衬的感应炉中进行，熔化的硅液浇入一个石墨模型中，石墨模型置于一个升降台上，周围用电阻加热，然后以每分钟 1mm 的速度下降(其凝固过程实质也是采用的布里奇曼法)。特点是熔化和结晶在两个不同的坩埚中进行，这种生产方法可以实现半连续化生产，其熔化、结晶、冷却分别位于不同的地方，可以有效提高生产效率，降低能源消耗。缺点是熔融和结晶使用不同的坩埚会导致二次污染，此外，因为有坩埚翻转机构及引锭机构，其结构相对较复杂。

4. 实验内容(以热交换法为例)

(1) 装料：将具有涂层的石英坩埚放置在热交换台(及冷却板)上，放入适量的硅原料，然后安装好加热设备、隔热设备和炉罩，将炉内抽真空，使炉内压力降至 0.05～0.1mbar 并保持真空。通入氩气作为保护气体，使炉内压力基本维持在 400～600mbar。

(2) 加热：利用石墨加热器给炉体加热，首先使石墨部分(包括加热器、坩埚板、热交换台等)、隔热层、硅原料等表面吸附的湿气蒸发，然后缓慢加温，使石英坩埚的温度达到 1200～1300℃，该过程需要 4～5h。

(3) 化料：通入氩气作为保护气，使炉内压力基本维持在 400～600mbar。逐渐增加加热功率，使石英坩埚内的温度达到 1500℃左右，硅原料开始熔化，熔化过程一直保持在 1500℃左右，直到化料过程结束，该过程需要 9～11h。

(4) 晶体生长：硅原料熔化后，降低加热功率，使石英坩埚的温度降至 1420～1440℃硅熔点。然后，石英坩埚逐渐向下移动，或者隔热装置逐渐上升，使得石英坩埚慢慢脱离加热区，与周围形成热交换；同时，冷却板通水，使熔融体的温度自底部开始降低，晶体硅首先在底部形成，并呈柱状向上生长，生长过程中固液界面始终与水平面平行，直至晶体生长完成，该过程需要 20～22h。

(5) 退火：晶体生长完成后，由于晶体底部和上部存在较大的温度梯度，因此，硅锭中可能存在热应力，在硅片加工和电池制备过程中容易造成硅片碎裂。所以，晶体生长完成后，硅锭保持在熔点附近 2～4h，使硅锭温度均匀，以减少热应力。

(6) 冷却：硅锭在炉内退火后，关闭加热装置，上提隔热装置或下降硅锭，炉内通入大流量氩气，使晶体温度逐渐降低至室温；同时，炉内气压逐渐上升，直至达到大气压，最后去除硅锭，该过程约需要 10h。

对于重量为 250～300kg 的铸造多晶硅而言，一般晶体生长的速度为 0.1～0.2mm/min，其晶体生长的时间为 35～45h。

5. 数据处理

自行记录实验数据。

6. 思考题

(1) 制备多晶硅锭的原理是什么？

(2) 试描述制备多晶硅锭的工艺流程。

2.5　单晶硅棒切片实验

1. 实验目的

(1) 了解单晶硅棒切片的工艺流程。

(2) 掌握单晶硅棒切片的方法。

2. 实验设备

单晶切片机(图 2-14)、加工台、清洗液等。

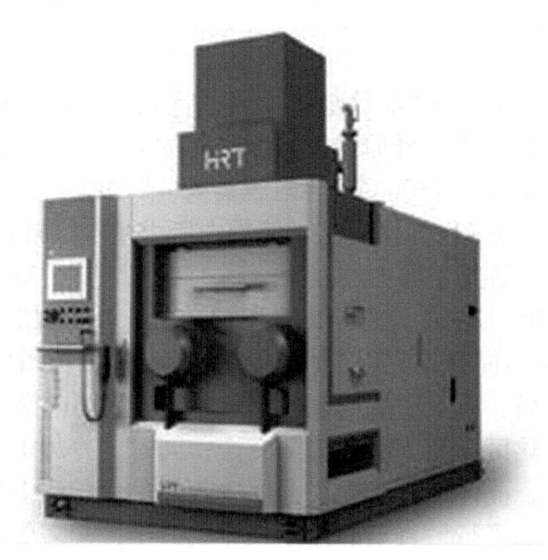

图 2-14　单晶切片机

3. 实验内容

(1) 固定：将单晶硅棒固定在加工台上。

(2) 切片：将单晶硅棒切成具有精确几何尺寸的薄硅片。此过程中产生的硅粉采用水淋方法清除，产生废水和硅渣。

(3) 退火：双工位热氧化炉经氮气吹扫后，用红外加热至 300～500℃，硅片表面和氧气发生反应，使硅片表面形成二氧化硅保护层。

(4) 倒角：将退火的硅片修整成圆弧形，防止硅片边缘破裂及晶格缺陷产生，增加磊晶层及光阻层的平坦度。此过程中产生的硅粉采用水淋方法清除，产生废水和硅渣。

(5) 分档检测：为保证硅片的规格和质量，对其进行检测。此处会产生废品。研磨：用磨片剂除去切片和轮磨所造成的锯痕及表面损伤层，有效改善单晶硅片的曲度、平坦度与平行度，达到一个抛光过程可以处理的规格。此过程产生废磨片剂。

(6) 清洗：通过有机溶剂的溶解作用，结合超声波清洗技术去除硅片表面的有机杂质。此工序产生有机废气和废有机溶剂。

RCA 清洗：通过多道清洗去除硅片表面的颗粒物质和金属离子。

SPM 清洗：用 H_2SO_4 溶液和 H_2O_2 溶液按比例配成 SPM 溶液，SPM 溶液具有很强的氧化能力，可将金属氧化后溶于清洗液，并将有机污染物氧化成 CO_2 和 H_2O。用 SPM 清洗硅片可去除硅片表面的有机污物和部分金属。此工序会产生硫酸雾和废硫酸。

DHF 清洗：用一定浓度的氢氟酸去除硅片表面的自然氧化膜，而附着在自然氧化膜上的金属也被溶解到清洗液中，同时 DHF 抑制了氧化膜的形成。此过程产生氟化氢和废氢氟酸。

APM 清洗：APM 溶液由一定比例的 NH_4OH 溶液、H_2O_2 溶液组成，硅片表面由于 H_2O_2 氧化作用生成氧化膜(约 6nm，呈亲水性)，该氧化膜又被 NH_4OH 腐蚀，腐蚀后立即发生氧化，氧化和腐蚀反复进行，因此附着在硅片表面的颗粒和金属也随腐蚀层而落入清洗液内。此处产生氨气和废氨水。

HPM 清洗：由 HCl 溶液和 H_2O_2 溶液按一定比例组成的 HPM，用于去除硅表面的钠、铁、镁和锌等金属污染物。此工序产生氯化氢和废盐酸。

DHF 清洗：去除上一道工序在硅表面产生的氧化膜。

(7) 磨片检测：检测经过研磨、RCA 清洗后的硅片的质量，不符合要求的则重新进行研磨和 RCA 清洗。

(8) 腐蚀 A/B：经切片及研磨等机械加工后，晶片表面受加工应力而形成的损伤层，通常采用化学腐蚀去除。腐蚀 A 是酸性腐蚀，用混酸溶液去除损伤层，产生氟化氢、NO_x 和废混酸；腐蚀 B 是碱性腐蚀，用氢氧化钠溶液去除损伤层，产生废碱液。本项目一部分硅片采用腐蚀 A，另一部分硅片采用腐蚀 B。

(9) 分档检测：对硅片进行损伤检测，存在损伤的硅片重新进行腐蚀。

(10) 粗抛光：使用一次研磨剂去除损伤层，一般去除量为 10～20μm。此处产生粗抛废液。

精抛光：使用精磨剂改善硅片表面的微粗糙程度，一般去除量在 1μm 以下，从而得到高平坦度硅片。产生精抛废液。

(11) 检测：检查硅片是否符合要求，若不符合，则重新进行抛光或 RCA 清洗。查看硅片表面是否清洁，表面若不清洁，则重新刷洗，直至清洁。

(12) 包装：将单晶硅抛光片进行包装。

4. 数据处理

自行记录数据。

5. 思考题

(1) 切片时要注意哪些问题?

(2) 单晶硅棒切片和多晶硅棒切片有何共同点和不同点?

6. 拓展阅读

多晶硅棒切片的工艺流程相对于单晶硅棒简单许多，如图 2-15 所示。

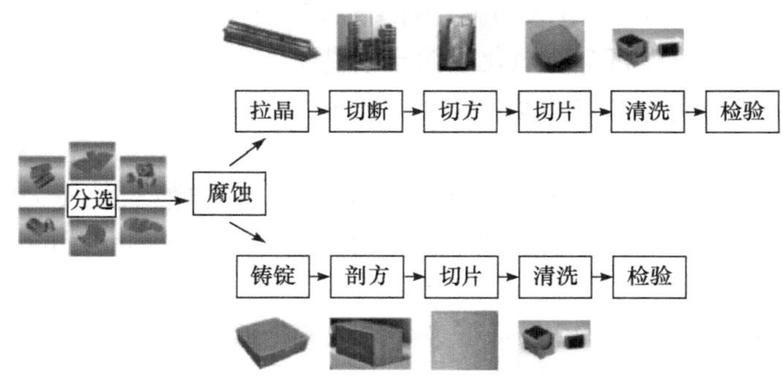

图 2-15　切片的工艺流程

第 3 章　光伏电池制备实验

3.1　光伏电池制备工艺概述

光伏电池是光伏发电的核心，电池的光电转换效率从根本上决定了对太阳能的利用率，目前晶硅电池已经能稳定地工业化生产，其光电转换效率在 20%左右，且占据了商用太阳能电池的 90%以上。

太阳能电池的生产工艺流程主要分为硅片检测→制绒清洗→扩散→刻蚀&去PSG→镀减反射膜（PECVD)→丝网印刷&烧结→测试分选等。每一步工艺的好坏都会影响器件的效率，为了更好地理解每一步工艺流程，本章我们将每一步工艺流程进行详细的介绍。

3.2　晶硅电池制备实验

实验 3.2.1　单晶硅电池制绒实验

1. 实验目的

(1) 了解单晶硅电池制绒(单晶制绒)的目的和原理。

(2) 掌握全自动单晶制绒设备的原理与使用方法。

2. 实验设备

全自动单晶制绒设备。

3. 实验原理

在光电转化效率确定的情况下，想要增加电能的输出，只能增加电池片吸收的太阳光。陷光技术是增加太阳光吸收的有效方法，该方法可以吸收更多的太阳光并通过延长入射光的光程，使入射光在太阳能电池中产生多重反射，增加光被吸光层吸收的程度。常用的陷光方法有表面织构化降低反射、利用高反射率材料来当底层反射层、内部陷光及抗反射层的加入。在工业化生产中，采用最多的是通过表面织构化来减少反射，一般称为表面制绒。

硅片原料的表面是平坦的镜面，其反射率较高。采用一定的物理化学方法，增加表面的粗糙程度，当入射光照射到具有一定角度的斜面反射后，反射光线照射到另一斜面上，形成二次吸收甚至是多次吸收(图 3-1)，增加总的太阳光吸收效率。目前，硅片表面织构化的方法主要有机械刻槽、激光刻槽，反应离子体蚀刻、化学腐蚀制绒等。

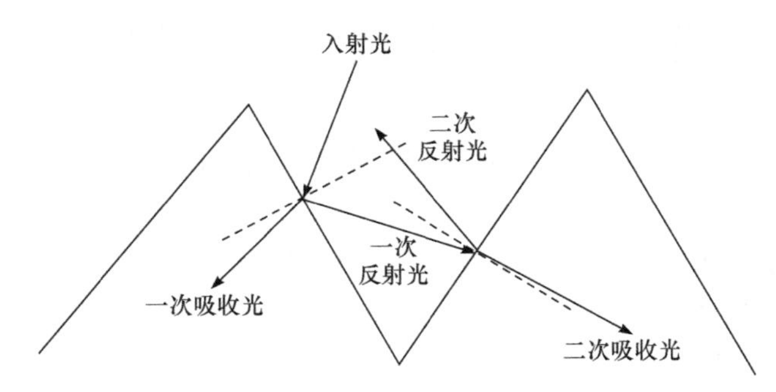

图 3-1　织构化表面陷光示意图

另外，硅片在切割过程中，表面会形成厚度达 10μm 的损伤层。损伤层中的微裂纹在后续工序的高温处理过程中，可能向硅片深处扩散，影响电池片性能。硅片在生产过程中，其表面也有可能粘上油污等污染。这些表面的缺陷需要在后序工序之前得到适当的处理。将损伤层腐蚀掉是最简单的处理方法，且可以和化学腐蚀制绒过程整合到一起。因此，基于工艺程序的难易和成本控制，化学腐蚀制绒在大规模工业生产中得到了广泛的应用。

单晶硅片主要是利用其在碱液中的各向异性腐蚀来实现制绒。一般来说，晶面间的共价键密度越高，腐蚀难度越大。单晶硅在合适的条件下，(100)面的腐蚀速度要高于(111)面的腐蚀速度，甚至可达十倍，腐蚀形成各个表面均为(111)面的金字塔微结构，如图 3-2 所示。

(a) 正面

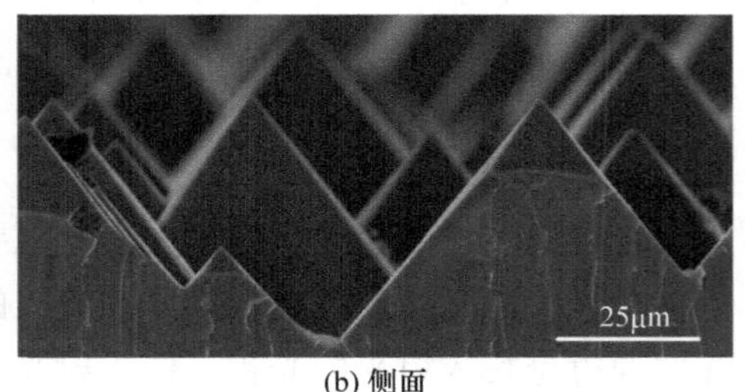

(b) 侧面

图 3-2　单晶硅绒面 SEM 形貌图

工业生产中常用 NaOH 或 KOH 、Na_2SiO_3 、IPA (异丙醇)或乙醇的混合溶液进行单晶制绒。当单晶硅片表面和碱液接触时，发生如式(3-1)所示的反应：

$$Si + 2OH^- + 2H_2O = SiO_2(OH)_2^{2-} + 2H_2\uparrow \tag{3-1}$$

在温度和碱液浓度较高时，(100)面和(111)面的腐蚀速度相似，常用于去除硅片表面的机械损伤。碱液浓度较低时，(100)面和(111)面的腐蚀速度有明显的差别，能够制备出合格的绒面。Na_2SiO_3 在水溶液中有如式(3-2)所示的水解反应：

$$2Na_2SiO_3 + H_2O == Na_2Si_2O_5 + 2NaOH \tag{3-2}$$

Na_2SiO_3 水溶液具有较强的碱性，且存在大量的极性和非极性官能团，可以有效降低溶液的表面张力并改善单晶硅片表面的润湿效果，有利于绒面的形成。表面活性剂 IPA 的添加主要是为了降低溶液的表面张力、改善单晶硅片表面的润湿效果，因此，添加了 Na_2SiO_3 的碱液中可以不加 IPA。在实际生产中，碱液的浓度、温度、IPA 浓度、制绒时间、Na_2SiO_3 浓度、设备差异等都会影响最终绒面的形成，需要在生产中多次试验，以获得最佳工艺参数。

全自动扩散前单晶制绒设备(图 3-3)主要用于太阳能电池片生产制造中，对硅片自动制绒(单晶、多晶兼容)。除装片和取片需人工外，其余工艺动作均可自动完成。该设备自动化程度高，适用于连续批量生产，确保工件清洗质量的一致性。

图 3-3　全自动扩散前单晶制绒设备

理想的绒面效果应该是金字塔大小均匀，覆盖整个表面。金字塔的高度为 3～5μm，相邻金字塔之间没有空隙，具有较低的表面反射率，有效的绒面结构有助于提高电池的性能。由于入射光在硅片表面的多次反射和折射增加了光的吸收，其反射率很低，主要体现在短路电流的提高上。

影响绒面质量的关键因素如下。

(1) 无水乙醇或异丙醇浓度：气泡的直径、密度和腐蚀反应的速率限定了硅片表面结构的几何特征。气泡的大小以及在硅片表面停留的时间与溶液的黏度、表面张力有关系。所以需要乙醇或异丙醇来调节溶液的黏滞特性。乙醇的含量在3vol%～20vol%的范围内变化时，制绒反应的变化不大，都可以得到比较理想的绒面，且 5vol%～10vol%的环境最佳。

(2) 制绒槽内硅酸钠的累计量：硅酸钠在溶液中呈胶体状态，大大增加了溶液的黏稠度。对腐蚀液中 OH^-离子从腐蚀液向反应界面的运输过程具有缓冲作用，使得大批量腐蚀加工单晶硅绒面时，溶液中 NaOH 含量具有较宽的工艺容差范围，提高了产品工艺加工质量的稳定性和溶液的可重复性。硅酸钠在制绒溶液中的含量为 2.5%～30%的情况下，溶液都具有良好的择向性，同时硅片表面上能生成完全覆盖角锥体的绒面。随着硅酸钠含量的增加，溶液黏度会增加，结果在硅片与片匣边框接触部位会产生“花篮印”，一般浓度在 30%以下不会发生这种变化(NaOH 浓度达到一定程度的基础上)。硅酸钠来源大多是反应的生成物，要调整它的浓度只能通过排放溶液。若要调整溶液的黏稠度，则通过加入添加剂乙醇或异丙醇来调节。

(3) NaOH 浓度：制绒液中的乙醇或异丙醇、NaOH、硅酸钠的浓度比例决定着溶液的腐蚀速率和角锥体形成情况。溶液温度恒定在 80℃时，腐蚀液 NaOH 的浓度在 1.5%～4%范围之外将会破坏角锥体的几何形状。当 NaOH 处于合适范围内时，乙醇或异丙醇浓度的上升会使腐蚀速率大幅度下降。

(4)制绒腐蚀时间的长短：经热的浓碱去除损伤层后，硅片表面留下了许多肤浅的准方形的腐蚀坑。1min 后，金字塔如雨后春笋，零星地冒出了头；5min 后，硅片表面基本上被小金字塔覆盖，少数已开始长大。我们称绒面形成初期的这种变化为金字塔“成核”。10min 后，金字塔密布的绒面已经形成，只是大小不均匀，反射率也降到了比较低的水平。随着时间的延长，金字塔向外扩张兼并，体积逐渐膨胀，尺寸趋于均等。

(5) 制绒腐蚀的温度：根据阿伦尼乌斯方程($k=A\exp(-E_a/R_T)$)，温度升高，反应速度常数会呈指数增大。液体的黏度也与温度呈指数关系，液体的黏度和密度随温度的升高而减小，而黏度反映了液体的传输性质。因此，腐蚀液的温度能影响动力学阻力，也可影响物质-传输阻力。温度升高，反应物的扩散系数增大，物质-传输速度增大。

(6) 槽体密封程度、乙醇或异丙醇的挥发程度：制绒过程中乙醇的主要作用有以下几点：①腐蚀的过程中会产生氢气，乙醇能够辅助氢气泡的释放；②可以减弱氢氧化钠对硅片的腐蚀力度，容易控制绒面结构；③增加各向异性因子，加速形成金字塔绒面结构。值得注意的是，这里的乙醇可以用异丙醇(IPA)来代替，而且工业上用得更多的也是后者。

单晶硅的绒面制备，能够有效地提高电池的转换效率，由于市场的变化，对绒面质量的要求也变得越来越高，如何做出高质量的绒面，不仅仅是工艺技术的问题，还需要与优异的设备进行配合，而设备的相关性能也决定了工艺的效果。

4. 实验内容

1) 配液

(1) 制绒前配液量。双面制绒初始配液量如下。

常规工艺：NaOH(1140g)、Na_2SiO_3(1000g)、IPA(8L)。

新工艺：NaOH(1900g)、Na_2SiO_3(1000g)、IPA(9.5L)。

(2) 对制绒槽内纯水量的控制。制绒槽内未加 IPA 之前，纯水控制量为 100L，即制绒槽外槽第一个液位感应器为红色，加完液后应注满水，制绒槽外槽第一个液位感应器为绿色。

(3) 制绒槽的补液量。根据硅片的减重量绒面状况适当补充 IPA 和 NaOH，补液量由工艺兼设备操作员决定。

2) 设备操作

(1) 开机前准备。检查纯水、CDA 和 2N 引入设备的开关是否打开并确认压力正常，纯水箱是否有纯水，检查循环泵的手动阀是否打开，检查各槽排液手动阀是否关闭，检查机器是否有漏液的地方，检查在线加热开关是否正确指示，在线加热水管是否有水，以免空烧。

(2) 开机操作。检查水和气后，合上设备总断路器，确认空开是否合上，按启动继电器看是否通电，工控机触摸屏是否有电，启动和显示是否正常，温控器是否启动。

启动应用程序，选择相应的生产工艺，检查是否有报警声音，如液位报警、机械手报警、温度报警和其他异常声音等。

(3) 过程检查。生产前查看制绒槽是否洁净，制绒槽是否有残留的碎片、杂物，上料台是否洁净，各槽中是否有上个班次留下的花篮等物品，液位是否到位，各槽边是否残留药液，传递箱下料台是否清洁，2 号和 6 号喷淋水的压力是否到位。

要求：必须严格检查。

(4) 设备运行(自动)。在机械手运行前，对机械手 X、Y、Z、U、V 轴进行原点搜索，点系统准备启动，待显示系统准备完成后，点模式切换，系统切换成自动模式，点 Robot1 和 Robot2 系统自动运行。

(5) 设备运行(手动)。在机械手运行前，对机械手 X、Y、Z、U、V 轴进行原点搜索，机械手 1 控制 1～6 号槽，机械手 2 控制 6～9 号槽。

(6) 上料。用双手从操作台上取一个已装好硅片的小花篮，轻轻放置在篮筐内。小心轻放，防止碰碎硅片。

操作人员佩戴新的丁腈手套，用双手将篮筐轻轻放置在上料台的传送带上，篮筐一定要摆正，并且不允许接触身体其他任何部位。

确认补好液之后，按下启动键，设备开始自动生产。

(7) 清洗设备。制绒槽和酸槽洗净标准：当加入的纯水在槽中为中性(pH=7.0)时，如果长期不生产，除满足以上标准外，生产时还需要做实验片，测试实验由工艺兼设备操作员负责。

(8) 设备停止。在自动模式下停止设备：点击设备准备停止，模式切换成手动，将所有正在运行的命令关闭，退出程序。

在手动模式下停止设备：机械手回到原点，将所有正在运行的命令关闭，退出程序。

5. 实验注意事项

(1) 开机操作时必须严格检查。

(2) 在设备运行时，必须将机械手 1 从 6 号槽移开，才能将机械手 2 移到 6 号槽；机械臂脱钩时一定要注意对应槽的槽盖应处于打开状态；机械臂在慢提拉槽脱钩时一定要注意慢提拉机械臂要在高位的状态。

6. 数据处理

自行记录数据。

7. 思考题

(1) 单晶制绒的原理是什么？

(2) 制绒达到什么效果为佳？

实验 3.2.2　多晶硅电池制绒实验

1. 实验目的

(1) 了解多晶硅电池制绒(多晶制绒)的原理和方法。

(2) 掌握多晶制绒设备的操作原理和使用方法。

2. 实验设备

多晶制绒设备。

3. 实验原理

不同于单晶硅片，多晶硅片的制绒是通过酸腐蚀来实现的。一般认为，多晶

硅片的酸腐蚀制绒过程分两步走。第一步是硅的氧化过程，化学方程式为

$$3Si + 4HNO_3 = 3SiO_2 + 2H_2O + 4NO\uparrow \tag{3-3}$$

HNO_3 的强氧化性实现了多晶硅的氧化，使其表面产生致密不溶于 HNO_3 的 SiO_2 层，导致反应减慢直到停止。

第二步是 SiO_2 的溶解过程，通常 HF 与 SiO_2 生成可溶性 H_2SiF_6，导致 SiO_2 溶解，从而 HNO_3 继续腐蚀多晶硅，化学方程式为

$$SiO_2 + 6HF = H_2SiF_6 + 2H_2O \tag{3-4}$$

这个过程实质上是一个电化学反应过程。

多晶制绒效果受到酸液配比、添加剂、反应温度、反应时间、原料硅片自身的质量、设备差异等因素的影响，要想获得连续均匀的绒面，同样需要多次试验。

目前，多晶硅绒面的制备技术主要有机械刻槽、等离子刻蚀和各向同性酸腐蚀。机械刻槽和等离子刻蚀制备出的绒面陷光效果非常好，但需要相对复杂的处理工序和昂贵的加工系统，不能满足大批量生产的要求。酸腐蚀绒面技术可以比较容易地整合到当前的太阳能电池处理工序中，而且应用起来基本上是成本最低、最有可能广泛应用的多晶硅太阳能电池绒面技术。我们采用多晶硅酸腐蚀制绒技术。多晶制绒设备如图 3-4 所示，具有多晶硅片去损伤、绒面腐蚀、清洗、干燥处理等功能。

图 3-4　多晶制绒设备

多晶硅片由不同晶粒构成，各个晶粒的晶向是随机分布的，采用传统的单晶硅表面织构化的各向异性碱腐蚀方法在多晶硅表面并不能得到理想效果的绒面。采用各向同性酸腐蚀方法可在多晶硅表面制出理想效果的绒面结构，这种类似于球面结构的绒面反射效果较理想，如图 3-5 和图 3-6 所示。

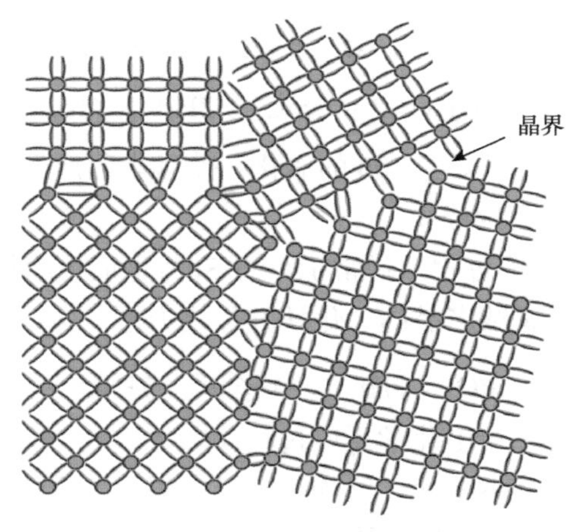

图 3-5　晶面交接界面

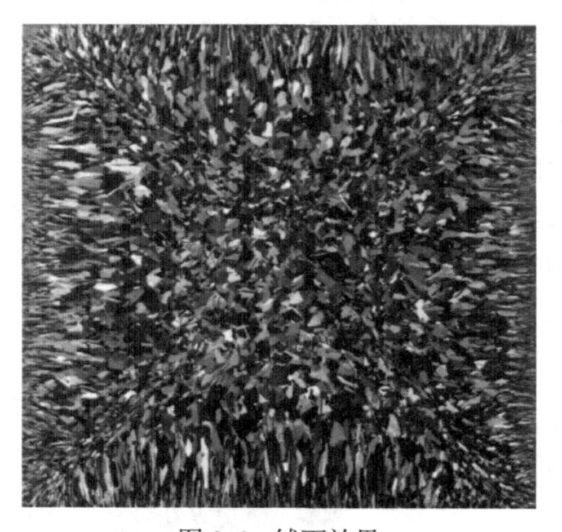

图 3-6　绒面效果

4. 实验内容

(1) 工艺准备：确认设备能正常运行，工艺温度、冷却水、压缩空气等压力及流量正常。硅片经抽检合格后方可投入，将不合格硅片挑拣出来。常见的不合格片包括崩边、缺角、裂纹、锯痕、手印、孔洞、微晶、含氮化硅的硅片等。备齐用于工艺生产的 PVC 手套、口罩。

(2) 确认设定的制绒工艺名称及参数正确无误，并确定初始配液参数。

(3) 在工艺准备完成后，选择正确的工艺方案，点击开始进入自动运行模式。

(4) 自动装载操作：硅片的自动装载速度不得大于设备的传输速度，以保证在设备的装载区不会出现叠片现象。

(5) 取片时要随时将碎片取出并准确记录每一道的碎片情况，若发现硅片有未风干的现象，则将湿硅片挑拣出来并及时向班组长反映情况，通过调整设备及工艺解决问题。

(6) RENA 工艺操作规范如下。

① 减薄量控制范围：156 正常片 0.38～0.42g/pcs；返工片 0.08～0.12g/pcs，125 正常片 0.23～0.28g/pcs；返工片 0.06～0.09g/pcs。

② 带速控制范围：1.3～1.5m/min，建议控制在 1.35m/min。

③ 制绒槽温度控制范围：正常片设定值为 8℃，波动区间为 7～9℃；返工片设定值为 5℃，波动区间为 4～6℃。

④ 循环流量控制范围：120～150L/min。建议设定值：135L/min。

⑤ 减薄量记录规范：开线每隔 10min 称测一次，针对温度、带速、填补量做好相应更改；正常生产时每隔一小时称测一次，做好记录。

⑥ 换液：制绒槽(HNO_3，HF 槽)换液为 60 万～70 万片更换一次，更换前排空制绒槽内的溶液并对制绒槽做好清洗。碱洗槽和酸洗槽使用寿命为 200h，更换前做好清洗。

⑦ 制绒完成后，对硅片进行自检，符合工艺、质量要求的才能进入下一道工序。为防止硅片玷污，制绒后的硅片应尽量避免较长时间暴露在空气中，应尽快转入扩散工序。

5. 实验注意事项

(1) 制绒工序大量使用强酸、碱等化学药品，了解酸、碱的知识对安全生产是十分必要的。酸、碱对人体和衣物有强烈的腐蚀作用，而且有些有毒性和氧化作用。要严格按照本工序设备安全操作规程和工艺操作规程进行作业。

(2) 硅片的装卸应该在 10000 级的洁净环境中进行，注意保持室内洁净度，进出时随手关门。

(3) 操作时务必小心，不可损伤或玷污硅片。

(4) 腐蚀槽在反应过程中会产生有毒气体，要保证良好的通风并注意防护，避免蒸气对人体的毒害。

(5) 操作要穿戴适当的防护用品，如防护服、防护眼罩、防酸碱手套、防酸碱套袖、口罩等。

(6) 设备内部或周围严禁接触和堆放易燃易爆等危险品。

(7) 在机器运行过程中，任何人不得将头、手伸入工作腔体，以免发生危险。

6. 数据处理

自行记录实验情况。

7. 思考题

(1) 若制绒之后硅片未吹干就进入下一流程，有什么后果？

(2) 绒面不均匀的原因有哪些？

(3) 影响制绒工艺的因素有哪些？请简述。

实验 3.2.3　扩散制结实验

1. 实验目的

(1) 了解扩散制结的机理和方法。

(2) 了解扩散制结的目的。

(3) 掌握扩散炉的使用方法。

2. 实验设备

Tempress 扩散炉、四探针测试仪、真空吸笔。

3. 实验原理

扩散(或扩散制结)是太阳能电池生产中的关键性工序，该工序主要是在硅片表面生成与硅片本身导电类型不一样的扩散层，形成 P-N 结。扩散从微观上来说，指构成物质的微粒(原子、分子、离子)通过热运动而产生的物质迁移现象；从宏观上来说，指物质的定向移动。扩散过程最主要的决定性因素是物质流量和浓度梯度，扩散速度与这两者成正比。另外，温度越高，扩散速度越快；材料原子结构越致密，结合力越强，扩散速度越慢；材料缺陷越多，扩散越容易。

在太阳能电池工业化生产中采用的扩散方法有很多种，主要有涂布源扩散、固态源扩散和液态源扩散。目前，工业生产中普遍采用掺硼的 P 型硅片为衬底，通过三氯氧磷液态源扩散获得 N 型重掺杂层，在交界面处形成 P-N 结。

三氯氧磷($POCl_3$)在温度较高(>600℃)时会分解形成五氯化磷(PCl_5)和五氧化二磷(P_2O_5)。五氧化二磷在扩散温度下与硅反应，生成二氧化硅(SiO_2)和磷原子。但是，三氯氧磷的热分解在没有氧气的参与下是不能完全分解的，生成的产物(五氯化磷)不易分解且对硅表面有腐蚀作用，会破坏硅的表面状态。在富氧条件下，五氯化磷会进一步分解成五氧化二磷，同时放出氯气。生成的五氧化二磷进一步与硅反应，提供磷原子。该过程的化学反应式如下所示：

$$5POCl_3 = 3PCl_5 + P_2O_5 \tag{3-5}$$

$$2P_2O_5 + 5Si = 5SiO_2 + 4P \tag{3-6}$$

$$4PCl_5 + 5O_2 = 2P_2O_5 + 10Cl_2 \tag{3-7}$$

具体扩散步骤可参照图 3-7。在富氧环境中，P 型硅片表面形成二氧化硅薄层，阻止氧化的进一步加深。三氯氧磷分解后形成的五氧化二磷在结构上类似于二氧化硅，由于相似相溶性，五氧化二磷能够很容易进入二氧化硅薄层，并与硅反应，释放磷原子。磷原子在温度和浓度的驱动下，进入硅片深处，形成 N 型层，并最终构成P-N结，该过程称为推结。随着氧气的持续通入，三氯氧磷被彻底分解，一部分磷原子进入硅片，另一部分以五氧化二磷的形式留在二氧化硅薄层中，形成磷硅玻璃PSG。

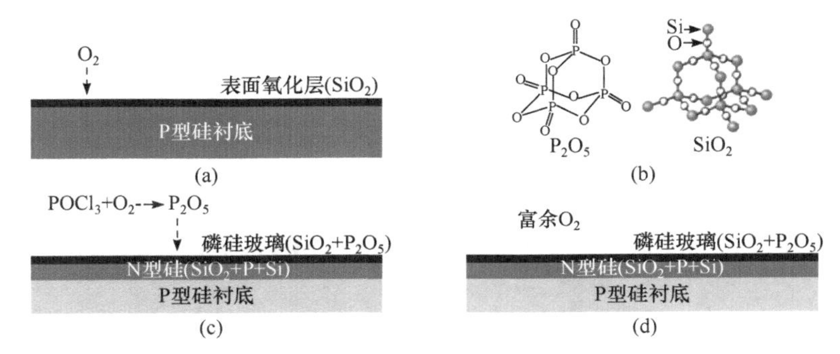

图3-7　扩散机制示意图

由于三氯氧磷有较强的毒性，扩散过程需要在密闭空间中进行，工业生产中常用管式高温扩散炉进行扩散作业。

管式高温扩散炉扩散工艺流程如图3-8所示，管式高温扩散炉(管式炉)如图3-9，简单介绍如下。首先是准备承载硅片的石英舟，硅片上舟时，每2片背对背放置，隔绝三氯氧磷，实现单面扩散。同时用惰性气体氮气吹扫炉腔，去除杂质气体和浮尘。完成准备工作后，石英舟送入炉内，关闭炉门，开始升温。温度稳定后，通入氧气，完成硅片表面的初步氧化。保持氧气流量不变(或工艺要求改变)，氮气流携带三氯氧磷通入，开始扩散。扩散完成后，停止三氯氧磷的通入，保持温度，使剩余三氯氧磷充分反应，完成推结。通入氮气进行吹扫，去除炉内残余反应气体，适当降低温度后，取出石英舟。

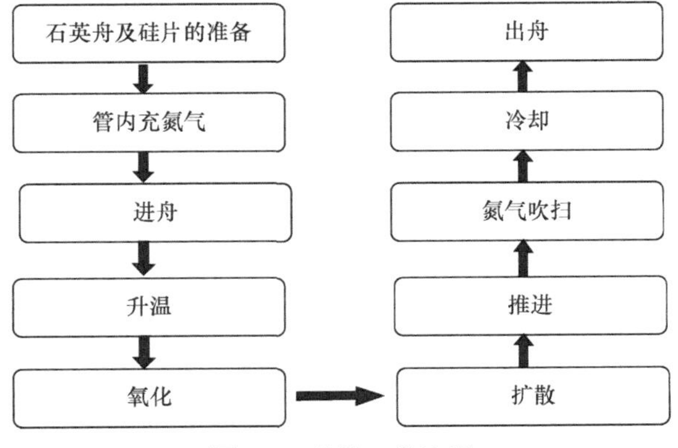

图3-8　扩散工艺流程

图 3-9　管式高温扩散炉

4. 实验内容

(1) 工艺洁净管理：任何人进入扩散间前必须穿戴净化服，戴好口罩，戴好橡胶手套；扩散间应保持正压，严禁随便开启门窗，以保持室内洁净度。

(2) 设备准备：工作前先确认设备是否正常运行；工艺方案是否正确；工艺温度和工艺压力是否正常；检查冷却水压力、气体压力及流量是否正常；确认源温控制器温度是否正常，源瓶液位是否正常和源瓶进、出口阀门是否正常打开。

(3) 打开扩散设备电源、启动扩散控制程序，在手动操作下慢慢升温。

(4) 安装好石英管和碳化硅桨后，把清洗过的石英舟放在桨上，送入炉管，先在 160℃条件下保温 5h，然后在 420℃条件下保温 2h，最后让程序走空三次。

(5) 使用真空吸笔进行装片，将硅片放入石英舟内，排列整齐，等待装舟，注意轻拿轻放。

(6) 进舟：将硅片用桨送进扩散炉炉管内，在操作屏幕上单击工艺运行按钮，选择所需工艺进行扩散。

(7) 取舟：程序运行完毕后，单击返回按钮进入手动操作状态，打开炉门，将石英舟从扩散炉中取出。

(8) 工艺循环：点击开始按钮，设备自动进舟，按照设定工艺方案进行工艺循环，直至全过程结束。在工艺运行过程中不得跳步，若遇到特殊情况需要跳步，则必须分步进行，一次只能跳一步。

(9) 源瓶更换检查：每个班组在接班后需要检查源瓶内的源液是否足够，当源液面高于源瓶的进气管下口不足 5mm 时(源瓶水平放置)，必须更换源瓶。更换源瓶须专人负责，严格执行源瓶操作规程，未经过严格培训者不能更换，在更换时必须有两个人同时在场，更换结束后要认真填写更换记录。

(10) 使用四探针测试仪对硅片的源面进行方块电阻测量并记录数据。

5. 实验注意事项

(1) 石英舟架的最前端距离桨前端 5cm，这样即可保证石英舟架放入石英管内的位置正好在 5 个温区的正中间。

(2) 检查石英舟及其他石英器件是否有破损，如果有破损要停止使用，更换新的。

(3) 直线轨道上如果出现滴落的残液要马上擦拭，避免腐蚀轨道及导轨滑块。

(4) 关好管式炉炉门开始工艺时，应检查石英门与石英管口是否还留有缝隙，若密封不严，则需调整限位开关以及石英门。

(5) 在工艺运行过程中，如果出现各种报警，如各种气体流量、炉体温度、源温，要立刻通知相关技术人员，以便做出妥善的处理。

(6) 当扩散炉因故断电后，在重新生产之前应当进行校温，Tempress 扩散炉有自动校温功能，选择正确的校温程序即可。

(7) 无技术人员许可，禁止任何人更改工艺参数；更改工艺参数后必须要认真填写各工艺更改记录及更改后效果。

6. 数据处理

自行记录数据。

7. 思考题

(1) 试说明扩散的目的。

(2) 试举出扩散工艺的常见问题和解决方法。

实验 3.2.4 边缘刻蚀实验

1. 实验目的

(1) 了解干法刻蚀与湿法刻蚀的工艺。

(2) 掌握湿法刻蚀的操作要领。

2. 实验设备

湿法刻蚀设备。

3. 实验原理

硅片经过扩散工序后，一个表面和四个侧面都形成了反型层(图 3-10)。侧面反型层的存在，会导致电池正负极之间漏电、短路甚至失效。另外，扩散工序会在硅片表面形成一层磷硅玻璃(PSG)。首先，磷硅玻璃的存在使得硅片暴露在空气中时容易受潮，导致电流的减小和功率的衰减；其次，磷硅玻璃会增加发射区电子的负荷，缩短少子寿命，进而减小开路电压和短路电流；再次，磷硅玻璃会导致 PECVD 镀膜后产生色差。因此，硅片四周的反型层和磷硅玻璃需要清除掉，工业上称为刻蚀和去 PSG。

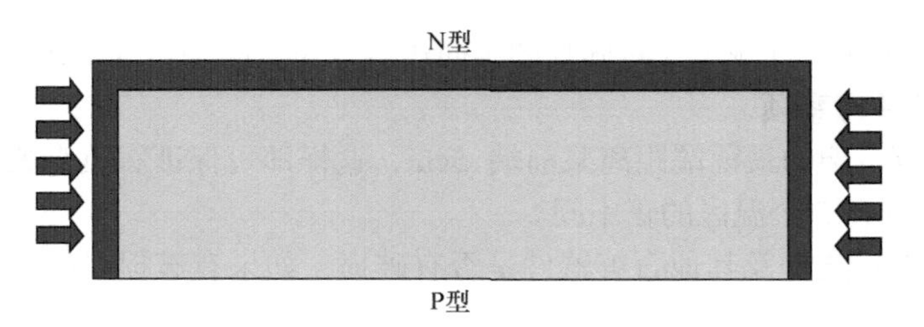

图 3-10 刻蚀示意图

刻蚀作为太阳能电池生产中的第三道工序，其主要作用是去除扩散后硅片四周的 N 型硅，防止漏电。刻蚀一般情况下和去 PSG 联系在一起，顾名思义，去 PSG 的作用是去掉扩散前的磷硅玻璃。反应方程式如下：

$$SiO_2 + 6HF = H_2SiF_6 + 2H_2O \tag{3-8}$$

目前，晶体硅太阳能电池一般采用干法和湿法两种刻蚀方法。干法刻蚀又称等离子刻蚀，即采用等离子体轰击的方法进行的刻蚀。随着温度的升高，一般物质依次表现为固体、液体和气体。它们统称为物质的三态。如果温度升高到 10^4K 甚至 10^5K，分子间和原子间的运动十分剧烈，彼此间已难以束缚，原子中的电子因具有相当大的动能而摆脱原子核对它的束缚，成为自由电子，原子失去电子变成带正电的离子。这样，物质就变成了一团由电子和带正电的离子组成的混合物，这种混合物称为等离子体，它可以称为物质的第四态。等离子体的产生一般有三种方法。

具体到太阳能电池中，等离子刻蚀采用高频辉光放电反应，即采用感应耦合的方式使反应气体激活成活性粒子，如原子或游离基，这些活性粒子扩散到需要刻蚀的部位，在那里与被刻蚀材料进行反应，形成挥发性生成物而被去除。它的优势在于快速的刻蚀速率，同时可获得良好的物理形貌(这是各向同性反应)。图 3-11 为干法刻蚀的示意图。

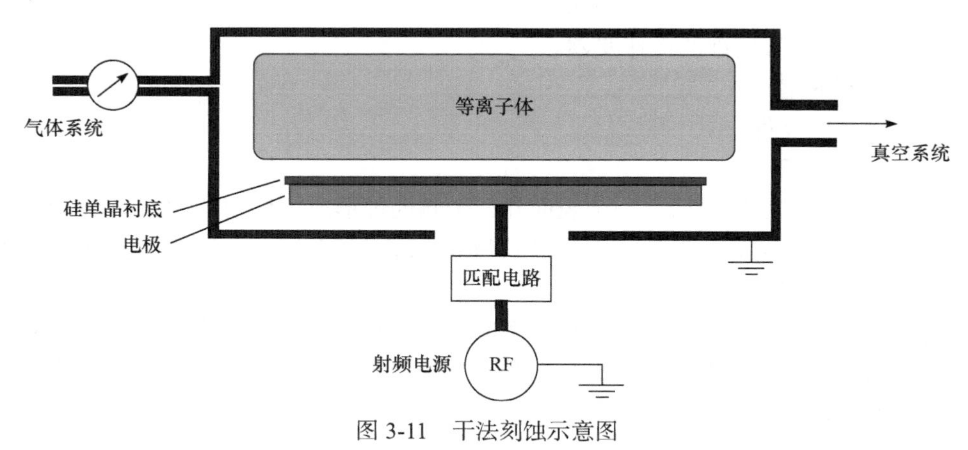

图 3-11 干法刻蚀示意图

干法刻蚀具体的工艺过程如下。

首先，母体分子 CF_4 在高能量的电子的碰撞作用下分解成多种中性基团或离子，即 $CF_4 \rightarrow CF_3$、CF_2、CF、F、C 以及它们的离子。然后，这些活性粒子由于扩散或者在电场作用下到达 SiO_2 表面，并在表面上发生化学反应(掺入 O_2，提高刻蚀速率)。

具体的反应过程可参考图 3-12。

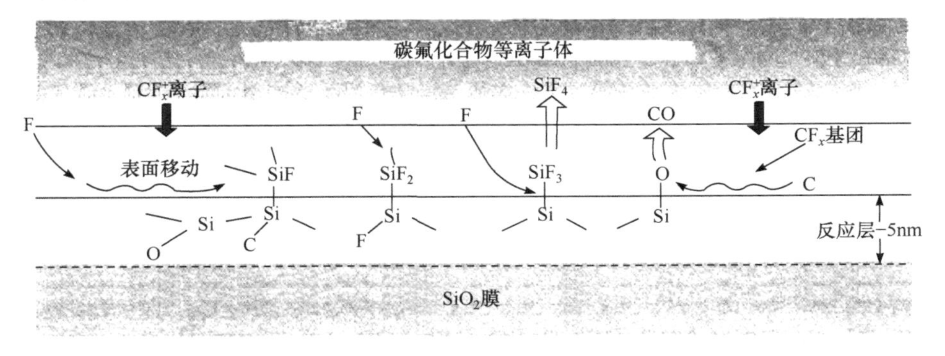

图 3-12　反应过程图

顾名思义，湿法刻蚀就是在刻蚀的过程中硅片表面是湿的，也就是使用化学品进行刻蚀的方法，大致的腐蚀机制是 HNO_3 氧化生成 SiO_2，HF 再去除 SiO_2。

下面为化学反应方程式：

$$3Si + 4HNO_3 = 3SiO_2 + 4NO + 2H_2O \tag{3-9}$$

$$SiO_2 + 4HF = SiF_4 + 2H_2O \tag{3-10}$$

$$SiF_4 + 2HF = H_2SiF_6 \tag{3-11}$$

湿法刻蚀一般使用的是 Rena 的设备，其槽体根据功能不同分为入料段、湿法刻蚀段、水洗段、碱洗段、水洗段、酸洗段、溢流水洗段、吹干槽。所有槽体的功能控制在操作计算机中完成。

湿法刻蚀的工艺流程如图 3-13 所示。

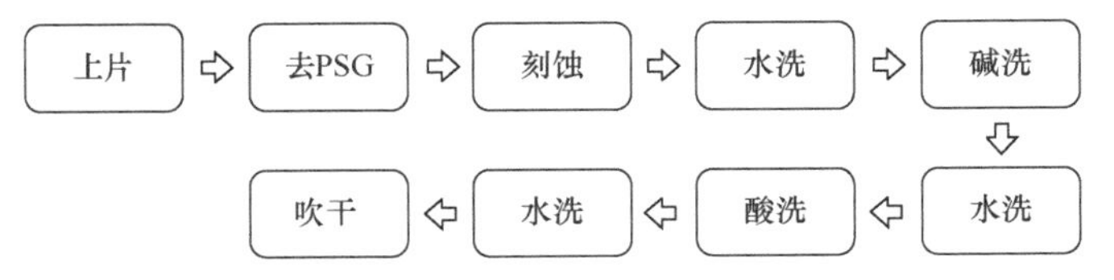

图 3-13　湿法刻蚀的工艺流程

刻蚀发展方向：去 PSG 工序将与干法刻蚀合为一道工序，干法刻蚀将逐步被湿法刻蚀所取代。湿法刻蚀的最新设备：结合 Rena 和 Kuttler 设备的优点，既能避免黑边，方阻也不上升。

本实验主要介绍湿法刻蚀。

4. 实验内容

(1) 准备工作：严格佩戴劳保用品，如防尘服、活性炭口罩和 PVC 作业手套等，检查各机器运行情况是否正常，工艺参数是否正常。

(2) 待扩散车间将硅片放到传送窗口并关上传递窗口的门后，刻蚀人员方可打开窗口门接片，检查传递过来的硅片是否拧紧，确定拧紧后一手提片头提手，一手托片头底部，水平抽出并放于桌上，认真检查是否有裂片和缺角片。检查完后认真填写记录。

(3) 刻蚀：将片头套上护板，一手托起片头将硅片放于胸前，小心地将硅片放于刻蚀机上，双手慢慢将反应室盖打开，小心地将硅片放于反应室底座上，一定不要让硅片碰到石英缸，左右轻轻摇晃确定硅片是否放正，然后将盖子轻轻盖上，按下启动按钮，注意观察机台的运行情况。

(4) 用扳手把片夹的螺母拧下，将螺栓套筒及片夹上半部分拿开。轻轻地将垫在硅片上面的聚四氟挡片拿起，双手大拇指推动硅片，将硅片与片夹下部分错开，一手按住片夹，一手往外轻拉硅片，并将其轻轻放于纤维纸上。

(5) 将硅片放置于检测台上，用 PN 测试仪测量 PN 型，若合格，则为 P 型，若不合格，则通知工艺人员并记录。

(6) 待测得 PN 型没问题时，双手将硅片连同纤维纸一并拿起放于装片处。

(7) 用纤维纸将硅片包装完全，再将其放入氯气柜。

5. 实验注意事项

(1) 禁止裸手接触硅片。

(2) 上片时保持硅片间距 40mm 左右，扩散面朝上上片，禁止反放。

(3) 刻蚀边缘为 1mm 左右。

(4) 下片时注意硅片表面是否吹干。

(5) 刻蚀清洗完硅片要尽快镀膜，滞留时间不超过 1h。

6. 数据处理

自行记录刻蚀结果。

7. 思考题

(1) 干法刻蚀与湿法刻蚀的相同点是什么？不同点是什么？

(2) 湿法刻蚀相对于干法刻蚀，有哪些优点？

实验 3.2.5　镀减反膜实验

1. 实验目的

(1) 了解镀减反膜的必要性。

(2) 掌握 PECVD 镀膜的原理和方法。

(3) 掌握 PECVD 镀膜设备的使用方法。

2. 实验设备

等离子增强化学气相沉积(PECVD)设备、石墨舟、真空吸笔等。

3. 实验原理

在太阳能电池的制造工艺中，减反射膜的沉积是非常重要的，光照射到平面的硅片上，并不能全部被硅吸收，因为有一部分光从硅片表面被反射。反射百分率取决于硅和外界透明介质的折射率。如果不考虑扩散层的影响，垂直入射时，可以应用透明介质表面反射的公式计算硅片表面的反射率。

如果硅表面没有减反射膜，在真空或大气中，光照射到其表面会有约 1/3 的光被反射，即使硅片表面已进行织构化处理，由于入射光在金字塔绒面产生多次反射而增加了吸收，也有约 11%的反射损失。如果在硅表面制备一层透明的介质膜，由于介质膜的两个界面上的反射光互相干涉，可以在很宽的波长范围内降低反射率。

如图 3-14 所示，入射光分别在膜的上下两个表面发生反射，如果这两束反射光相长干涉，则有较强的反射光，被电池吸收的光则较弱；如果这两束反射光相消干涉，几乎没有反射光，光全部透射进电池表面，被电池吸收的光则较强。可以通过调节减反射膜厚度和折射率来改变两束反射光的光程差，实现反射光相消干涉，增强透射光。

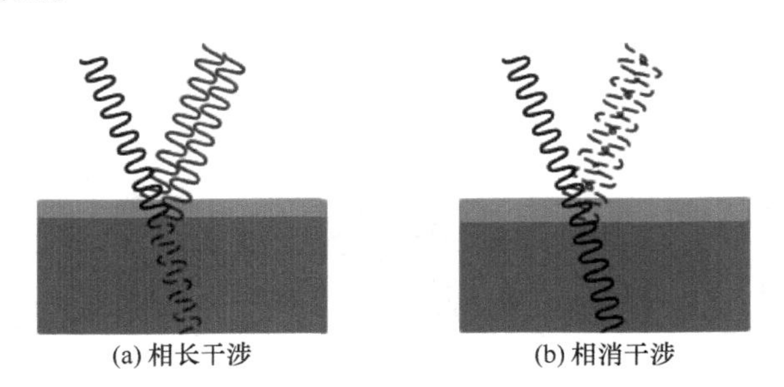
(a) 相长干涉　(b) 相消干涉

图 3-14　减反射膜原理示意图

表面镀膜能够保护电池的扩散层。采用等离子体气相化学沉积(PECVD)制备富氢的 SiN_x 薄膜能够同时完成镀膜和钝化，在工业生产中得到广泛采用。工业 PECVD 大都采用 SiH_4 和 NH_3 为反应气体，反应方式如下：

$$3SiH_4 + 4NH_3 = Si_3N_4 + 12H_2 \tag{3-12}$$

以工业生产中普遍采用的管式炉为例，PECVD 镀膜的工艺流程如图 3-15 所示，镀膜机如图 3-16 所示，将刻蚀后的硅片插入石墨舟，注意硅片和石墨舟之间至少有 3 个接触点，石墨舟内层两侧对称放置硅片。管式炉内用氮气吹扫，去除杂质气体和浮尘。石墨舟放置进炉管后，炉管内抽真空，同时炉管开始升温。依次通入 NH_3 和 N_2 吹扫，进一步去除管内杂质。管内真空抽至极限真空，检查系统气密性，确保无漏气，并进一步升温至反应温度后，维持温度。首先通入 NH_3 进行钝化，随后立即通入 SiH_4 气体开始镀膜。镀膜结束后，抽去管内反应气体，通入 N_2 吹扫，并降温。待管内恢复常压常温后，打开炉门，取出石墨舟。

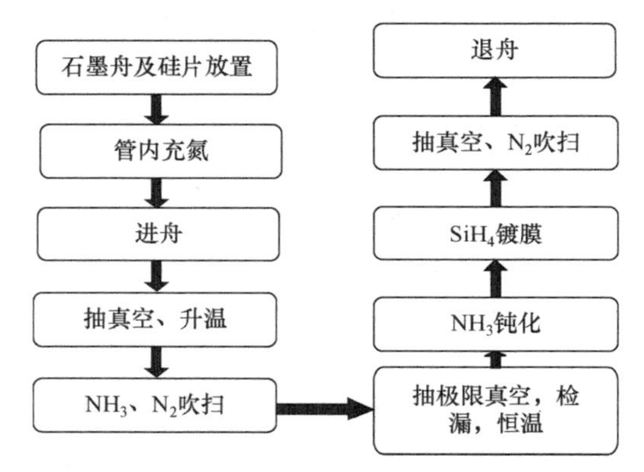

图 3-15　PECVD 镀膜的工艺流程

图 3-16　PECVD 镀膜机

4. 实验内容

1) 工艺过程

(1) 启动真空泵，先抽中间工艺腔室，再抽两头的装载腔室、卸载腔室。

(2) 待工艺腔室真空到达 5.0×10^{-3}Pa 时，启动加热器，将其激活。

(3) 将 4 个微波源进行复位。

(4) 复位后开始输送气体 NH_3、SiH_4。

(5) 待温度达到 400℃，查看工艺方案状态，检查参数是否与之前一致。

(6) 选择工艺号，加载程序并开启。

(7) 待工艺开始运行后，启动传动，进行石墨舟预热(2～3 次)。

2) 原材料及注意事项

(1) 核对上道工序流过来的产品，检查数量是否与流程单一致，并检查产品是否有缺角、裂纹，若有，则将其挑出退回。

(2) 上料时要轻、稳、准，尽量避免人为造成碎片。

(3) 下料时也要轻、稳、准，尽量避免人为造成碎片。

(4) 下料的同时要检查镀膜质量，首先用眼光判断是否有需要返工的产品，如有绒面色斑、镀膜不良、亮点、水痕印、手指印、刻蚀线过宽、盒子印过大、吸盘印。

(5) 从下料的产品中抽取 6～10 片进行膜厚与折射率测试，若有变动，则需要修改参数(具体修改视实际情况而定)。

(6) 将下料好的产品与流程单一起流到下道工序，确保数量与流程单一致，并确保产品中无缺角、碎片等。

3) 工艺操作规范

(1) 上料时要戴好乳胶手套，用吸盘进行装片，装满一舟进行镀膜(一舟为 36 片)。

(2) 若不满 36 片，则用假片补充或用下一张流程单的硅片补满，应做好标记(如在舟边上放一小片碎片)。

(3) 待石墨舟经过上料腔、加热腔、工艺腔、冷却腔、下料腔后，进行下料。

(4) 下料时也要戴好乳胶手套，用吸盘取片，同时检查镀膜质量。

(5) 如实记录一天的产量、报废及返工片，做好测试记录与设备运行记录。

4) 操作步骤

(1) 开机。

① 确认水、电、气准备完毕后，由工序长开启电控柜内设备的总电源、开启设备开关电源，进入计算机系统，开启真空泵，加热。

② 选定工艺文件，根据“光伏电池工艺参数表单”设定工艺参数。在正常运作下，实行自动循环。

③ 接收硅片：清洗送来的硅片由各班指定人员收取。收片人员在收片时，首先应检查硅片的数量与流程卡上所标明的数量是否吻合，其次检查硅片是否有破损、缺角、崩边等缺陷，是否有绒面不良硅片。发现来片有破损时应及时做好记录，同时将碎片分类放入指定的盒子内，统一处理。如果有绒面不良的硅片，需将硅片返回清洗工序重新制绒。

(2) 装片。

① 装片时，插片员均应戴好乳胶手套和口罩。操作员使用真空吸笔将硅片一

片一片地依次插入石墨舟内，注意正面在两个电极之间。真空吸笔的吸力大小通过调节阀来调节，只要吸笔能够吸住硅片即可。取片时，花篮大开口朝向自己，此面为硅片正面，吸片位置为硅片的中间偏右方。

② 插片时，先将硅片竖直放入舟内，硅片接触卡点 1、2 后，向卡点 3 方向偏移 5°左右，直至硅片完全卡到工艺卡点上方，则插片完成。

③ 插片员用真空吸笔将放入石墨舟中的硅片的位置进行校正，进一步固定好硅片。对插好的硅片进行检查。

④ 上舟员用取舟吊钩将石墨舟吊放在管式 PECVD 的机械手上，注意要轻抬轻放。

注意：在进舟和出舟过程中，当班组长需认真观察机械手的运行情况，如果发现有撞舟的可能，须及时按下急停按钮，并及时将问题报设备部。

(3) 镀膜。

① 运行自动程序：自动循环程序为开始→充氮→取片→装载→送片→慢抽→主抽→恒温→恒压→预放电→淀积→抽空→充氮→抽空→充氮→抽空→充氮→抽空→结束。在放电过程中，需认真观察辉光放电情况，若放电不正常，则需及时转到抽空步骤，并将石墨舟取出，对没有装好的硅片重新定位。

② 参数设置：多晶硅镀膜工艺的主要参数。跟踪膜色随时对 NH_3 与 SiH_4 的流量做微调，但是比值基本保持为 6～7。

③ 沉积完毕后，石墨舟自动退出。

④ 用取舟吊钩将石墨舟从管式 PECVD 的机械臂上取下，并放上另一个装好硅片的石墨舟，以此往复，实现连续生产。

⑤ 取片员使用真空吸笔将硅片从石墨舟中取出，放入丝网印刷的花篮内。

(4) 自检。

① 检查硅片是否有缺角、崩边，对于有缺角、崩边的硅片不得流入后续工序，应按规定分类、集中放置，统一印刷生产。

② 每批抽测 5 片，检查硅片膜厚和折射率。检查硅片的膜厚，PECVD 镀膜硅片的膜厚采用目测法检查，目测颜色为蓝色，所有外观颜色正常或目测膜厚有少许偏薄及少许偏厚的硅片都属合格，均可流入后续工序；对于外观颜色偏差严重、线痕、白斑、跳色、局部有花纹或局部未镀上膜的硅片应分别统计并暂留，待重洗后返工生产。

③ 检查硅片背面是否存在由于沉积时局部短路而镀上的氮化硅膜。对于硅片背面沉积上少量氮化硅膜的硅片(面积小于 $100mm^2$)，按正常硅片流入后续工序，若背面沉积面积超标，则需要隔离，待重洗后返工生产。

(5) 关机顺序。

① 关闭加热。

② 将反应室抽成真空。

③ 关闭慢抽和主抽。

④ 关闭真空泵。

⑤ 退出系统。

⑥ 关闭设备控制电源。

5. 实验注意事项

(1) 石墨舟属于贵重物品，在存放、搬运、使用过程中需小心谨慎，不可将其损坏。

(2) 硅片也属于贵重物品，在生产时要小心认真，尽量避免人为损坏。

(3) 上下料时，石墨舟处于高温状态，注意避免被其烫伤，应用耐高温手套搬取。

(4) 破碎的硅片十分锋利，小心手指或其他人体部位被其刺伤或划伤。

6. 数据处理

自行记录数据。

7. 思考题

(1) 减反射膜的工作原理是什么?

(2) 镀膜的时候有哪些化学反应?

实验 3.2.6　丝网印刷实验

1. 实验目的

(1) 了解丝网印刷的目的。

(2) 了解丝网印刷的步骤。

2. 实验设备

印刷机、烘干机、刮刀等。

3. 实验原理

太阳能电池印刷是电池片生产线的重要工序,对电池片的质量起着重要作用，生产晶体硅太阳能电池最关键的步骤之一是在硅片的正面和背面制造电路，将光生电子导出，这个金属镀膜工艺是由丝网印刷完成的，将含有金属的导电浆料透过丝网网孔压印在硅片上形成电路或电极。

丝网印刷丝版由五大要素构成，即丝网、刮刀、浆料、工作台以及基片。丝网印刷是利用丝网图形部分网孔透浆料，非图形部分网孔不透浆料的基本原理进行印刷的。

印刷时在丝网一端倒入浆料，用刮刀在丝网的浆料部位施加一定的压力，同时朝丝网另一端移动。油墨在移动中被刮刀从图形部分的网孔中挤压到基片上。由于浆料的黏性作用而使印迹固着在一定范围之内，印刷过程中刮刀始终与丝网印版和承印物呈线接触，接触线随刮刀移动而移动，由于丝网与承印物之间保持一定的间隙，印刷时的丝网通过自身的张力而产生对刮刀的反作用力，这个反作用力称为回弹力。

由于回弹力的作用，丝网与基片只呈移动式线接触，而丝网其他部分与承印物为脱离状态，保证了印刷尺寸精度和避免蹭脏承印物。当刮刀刮过整个印刷区域后抬起刮刀，同时丝网也脱离基片，工作台返回到上料位置，至此为一个印刷行程。

刮刀的作用是将浆料以一定的速度和角度压入丝网的漏孔中，刮刀在印刷时对丝网保持一定的压力，刃口压强为10～15N/cm，刮刀压力过大容易使丝网发生变形，印刷后的图形与丝网的图形不一致，也加剧了刮刀和丝网的磨损，刮刀压力过小会在印刷后的丝网上残留浆料；刮刀材料一般为聚氨酯橡胶或氟化橡胶，硬度范围为邵氏A60°～A90°，刮刀条的硬度越低，印刷图形的厚度越大，刮刀材料必须耐磨，刃口有很好的直线性，保持与丝网的全接触；刮刀一般选用菱形刮刀，它具有四个刃口，可逐个使用，利用率高。

刮刀速度是决定效率的最主要因素，以半自动印刷机为例，印刷所占时间一般为总循环的 2/3；印刷速度由印刷图形和印刷用浆料的黏度决定，速度越高，刮刀带动浆料进入丝网漏孔的时间越短，浆料的填充性越差，如果印刷线条精细，速度应低一些，正银工序中栅线的线宽为 0.1～0.12mm，一般速度设定在 200～250mm/s，背铝和背银工序因印刷线条较宽，速度设定在300mm/s。

印刷用浆料因不同工序而不同，相应黏度也不同，但总体黏度比较低，印刷速度较快；在实际的印刷中，速度的恒定同样很重要，如果在印刷过程中速度出现波动，会导致图形厚度不一致。

刮刀角度的设定与浆料有关；浆料黏度值越高，流动性越差，刮刀对浆料施加的向下的压力越大，刮刀角度越小；刮刀角度调节范围为 45°～75°。在印刷过程中起关键作用的是刮刀刃口 2～3mm 的区域，在印刷压力下，刮刀与丝网摩擦，在开始印刷时近似直线，刮刀刃口对丝网的局部压力很大，随着刮刀刃口的磨损，刃口形状呈圆弧形，它对浆料朝丝网方向的分力急剧增加，丝网作用于丝网单位面积的压力明显减小，刮刀刃口处与丝网的实际角度远小于45°，印刷后丝网表面会有残余浆料，易发生渗漏，同时印刷线条边缘模糊，这时需要更换刮刀。

4. 实验内容

1) 开机

(1) 印刷员给设备送电、通气，检查电、气等是否正常，打开设备并运行软件，检查丝网印刷机，对网带和工作台面进行清洁，进入工艺运行状态。

(2) 戴上口罩和干净的橡胶手套，准备印刷。

2) 工作台面准备

印刷 125mm 单晶和 156mm 多晶规格硅片时，注意工作台型号要与之对应，印刷员针对不同尺寸的硅片选择不同的工作台面,更换工作台面后需要校准相机。

3) 校准

(1) 印刷员在维护、机器设定、工程师设定中选择正确的硅片尺寸。

(2) 印刷员拆下工作台并清洁摄像头。

(3) 印刷员将校准版上的盖板拆掉，图形向下，x 向内放入版架。

(4) 印刷员在维护、校准中点击校准相机，使设备自动校正，校准完毕后取出校准版。

4) 网版检验与安装

校准完毕后印刷员将网版放入版架，在操作界面上点击安装丝网，并填写网版更换记录。在网版上机之前，首先检查网版的规格型号。

对网版的要求如下：

(1) 检查网布有无破损，网版宽度为±0.005mm。

(2) 网版表面平整光洁、无褶皱，对着日光灯光线看网版未曝光区透光性是否良好，检查是否有颗粒塞网。

(3) 网版在印刷 15000～20000 次后，无条件更换。

安装网版时，印刷机前端挂钩松开，版架翻转，网框松开之后双手持合格网版，由工作台平行推入版架，网框锁紧即可。

5) 搅拌浆料

(1) 银铝浆搅拌必须在滚筒式搅拌机上进行，滚动速度为 40r/min。新开浆料搅拌时间在 4h 以上，使用时，用上料刀往上撩起，浆料自然往下流动，判定搅拌合格，符合以上要求的浆料，才能上机使用。

(2) 背面铝浆搅拌必须在电动搅拌机上进行。搅拌时，打开瓶盖，搅拌速度控制在 60r/min，新开浆料搅拌时间为 20～30min 即可。使用时，用上料刀往上撩起，浆料自然往下流动，判定搅拌合格。符合以上要求的浆料，才能上机使用。长时间不用的浆料会变稠，要重新搅拌。

(3) 正面银浆搅拌必须在滚筒式搅拌机上进行，滚动速度为 40r/min，新开浆料搅拌时间在 12h 以上，用上料刀往上撩起，浆料自然往下流动，判定搅拌合格，符合以上要求的浆料，才能上机使用。使用前用手搅拌 5min。在使用的浆料瓶盖需随时保持密封状态，长时间不用的浆料应重新搅拌。

更换浆料类别需填写《浆料更换记录表》。

6) 装片

插片员戴洁净乳胶手套，从花篮中逐片取出硅片，并插入下面垫了泡沫垫的上料承载盒中，注意正面朝下。当上料台有空的上料承载盒时，将空盒拿出并小心放入插满了硅片的上料承载盒以待印刷。

装片期间，注意轻拿轻放，减少硅片间的摩擦，以免磨损绒面和损坏硅片。插完后检查是否插双片，是否有错位插片。

7) 上浆料

印刷员将印刷机前端挂钩松开，版架翻转，瓶口倾斜 45°置于网版之上。用上料刀将合格并搅拌好的正确类型的浆料向上撩起并使之流入网版，每隔几分钟将丝网图形以外的浆料用上料刀铲到中间，用上料刀小心地将浆料抹平。

遇到边缘上变干发白的浆料，印刷员要用上料刀及时清理。手动状态下将印刷头开到最后，刮刀下降后印刷头向前，即可将浆料抹均匀。

8) 工艺参数设定

根据《光伏电池工艺参数表单》设定各印刷头工艺参数。

9) 印刷

每块光伏电池的正面和背面都有通过丝网印刷淀积的导线，它们的功能是不同的，正面的线路比背面的更细。有些制造商会先印刷背面的导电线，然后将硅片翻过来再印刷正面的线路，从而最大限度地减少加工过程中可能产生的损坏。

在正面(面向太阳的一面)，大多数晶体硅电池的设计都采用了非常精细的电路(“手指线”)，把有效区域采集到的光生电子传递到更大的采集导线——“母线”上，再传递到组件的电路系统中。正面的手指线要比背面的线路细得多(为 80μm)。

5. 实验注意事项

(1) 工作台的平面度要求：印刷时电池片被吸附于工作台表面，如表面不平，在负压下电池片易破裂，以 6in(152.4mm)电池片为例，工作台的平面度不大于 0.02mm。

(2) 工作台重复定位精度要求：根据太阳能电池片的精度要求，工作台重复定位精度达到 0.01mm 即能满足工艺要求。

(3) 印刷时丝网与工作台的平行度决定印刷膜厚度的一致性，根据使用要求，以 6in 电池片为例，二者平行度为 0.04mm。

(4) 电池片的平面度不大于 0.02mm，表面粗糙度低于 1.6。

6. 数据处理

自行记录丝网印刷情况。

7. 思考题

(1) 丝网印刷的目的是什么？

(2) 丝网印刷的常用浆料有哪些？

(3) 虚印的原因有哪些？如何处理？

实验 3.2.7　烧结实验

1. 实验目的

(1) 了解烧结的目的。

(2) 掌握烧结的原理。

(3) 掌握烧结的流程以及烧结的方法。

2. 实验设备

烧结炉、光学显微镜等。

3. 实验原理

烧结就是把印刷到硅片上的电极在高温下烧结成电池片，最终使电极和硅片本身形成欧姆接触，从而提高电池片的开路电压和填充因子两个关键参数，使电极的接触具有电阻特性，达到生产高转换效率电池片的目的。烧结过程有利于 PECVD 工艺的引入——H 向体内扩散，可以起到良好的体钝化作用。

印刷了浆料的硅片经过烘干排焦过程后使浆料中的大部分有机溶剂挥发，膜层收缩为固状物紧密黏附在硅片上，这时可视为金属电极材料和硅片接触在一起。

烧结过程是要使电极和硅片本身形成欧姆接触，其原理为：当电极中金属材料和半导体单晶硅加热到共晶温度时，单晶硅原子以一定比例融入熔融的合金电极材料中。

单晶硅原子融入电极金属中的整个过程一般只需要几秒钟的时间。融入单晶硅原子数目取决于合金温度和电极材料的体积，烧结合金温度越高，电极金属材料体积越大，则融入的硅原子数目就越多，这时的合金状态被称为晶体电极金属的合金系统。如果此时的温度降低，系统开始冷却，形成再结晶层，这时原先融入电极金属材料的硅原子重新结晶，也就是在金属和晶体接触界面上生长出一层外延层。

如果外延层内含有足够量的与原先晶体材料导电类型相同的杂质成分，就获得了用合金法工艺形成的欧姆接触；如果在结晶层含有足够量的与原先晶体材料导电类型异型的杂质成分就获得了用合金工艺形成的 P-N 结。

烧结是一个扩散、流动和物理化学反应综合作用的过程。在印刷状况稳定的前提下，温区温度、气体流量、带速是烧结的三个关键参数。

由于要形成合金必须达到一定的温度，Ag、Al 与 Si 形成合金的稳定性又不同，所以必须设定不同的温度来分别实现合金化。

将印刷好的上、下电极和背场的硅片经过丝网印刷机的传送带传到烧结炉中，经过烘干排焦、烧结和冷却烘干排焦、烘干排焦烧结及冷却过程来完成烧结工艺，最终使上下电极和电池片产生欧姆接触。

1) 烘干排焦(一)

在网带的上、下都装有加热带，由温控仪控制其温度。目的是将印刷有浆料的硅片烘干，并使浆料内绝大部分焦油挥发出来。如果温度设置不合理，不能使大部分焦油从浆料中挥发出来，剩下的焦油在进入下一区域时会对烧结的效果有严重影响，对转换率有高达 0.2%的影响。为了保证设备安全，在每个区域都设有两个热电偶，一个用于温度控制，另一个用于过温保护。

2) 烘干排焦(二)

为了减少腔室内热量的损失，在设备腔室内部的四周安装上隔热板，并在腔室外的两边装上了铝的隔热反射板，让整个腔室始终保持一个稳定的温度，有利于工艺的稳步进行。

对流器：为了能让从浆料中挥发的焦油全部从抽风管道中抽走，设计了一个对流加热器。从烘干区上部的对流加热器中吹出温度受控的气体，吹到腔室中，再从烘干区的两头将气体抽出，保证从硅片挥发出来的焦油被对流加热器吹出的热气带出腔室内，而不会导致硅片挥发出来的热焦油在机器出口处冷凝而回流到设备里。

对流盒子内置在加热盒子里，经过过滤的大气被热空气风扇吸入一个温度可控的加热器中，最后进入腔室内。但为保证安全操作，如果吸入的空气总量在增加，相应离开的总量必须是合适的。

3) 快速加热烧结

根据工艺要求，需要此腔室的灯管能提供很高(高达 1000℃)的温度，并且能在高温下工作。一般用石英玻璃管加热器。此种设备用气流把快速加热箱分成 4 个独立的加热系统，以保证每个腔室温度的独立性，可形成温度阶梯，从而使最后一个温区的温度在很短时间达到一个很高的温度。这样设计还可以使每个隔离区域横向位置温度的不均匀性控制在一个很小的范围内。在此腔室内，每个抽风口都特别设计了一个带加热装置的文氏阀，能保证腔室内产生的废气流快速离开腔室，避免文氏阀结温区废气对硅片的污染，还能让产生的废气流不在管道口处冷凝。

对于温度的测试，将两个热电偶安装在加热区域。一个用于温度控制，另一个用于超温报警。最后一个温区中将两个热电偶安装于皮带正上方 20mm 处，它们反映了形成欧姆接触的共晶温度的真实值，它们的值可以在加热菜单中看到，我们可以直接了解内部的实际温度。为了能让温度急剧下降，在高温区出口处的侧壁、上下部分都装有水冷系统。为了保证大部分热量都辐射到腔室内，在全部的加热盒子周围都覆盖上保温层，在外层还覆盖有双层的铝反射板，有效延长了灯管的使用寿命。

4) 冷却

冷却盒子是一个可循环的盒子，为了冷却电池片和皮带，运送冷却水的管道安装在皮带的上部和下部。冷却风扇分别安装在循环水管道的上方和下方。风速可以调整，上方的风扇将周围的空气通过冷却管道送到硅片和皮带上，下方的风扇吸走通过皮带周围和硅片底部的空气。

4. 实验内容

1) 烧结生产前准备

(1) 准时做好交接班工作，保证班组之间的账、物相符，杜绝班组之间相互推诿。

(2) 打开抽风系统，并按工艺卫生要求做好安全卫生工作。

(3) 按《设备操作规程》中的要求检查水、电、气是否达到使用要求，开机以及检查设备是否处于良好的运行状态。

(4) 按《工艺规范》的要求检查并设定工艺参数，保证工艺运行的正确性。

2) 生产作业及要求

(1) 开启设备。

(2) 带速与烘干、烧结温度的设置。

(3) 设置带速，确保合理的烧结时间。

(4) 设置烘干区域温度，硅片自动流入烘干炉进行烘干。

(5) 设置烧结区域温度，确保形成良好的欧姆接触。

3) 作业要求

(1) 确保印刷后的硅片形成良好的烧结效果。

(2) 更改参数后要及时填写参数更改记录。

(3) 每隔一个月要拉一次炉温。

4) 收片

为避免产生划伤，注意避免硅片与烧结炉网带产生摩擦，轻拿轻放。收取硅片的过程中要求一片片摆放，堆叠整齐，减少因整理硅片造成的背场划伤。数片时取一叠硅片，一只手持片竖立放置，另一只手用手指一片片拨开去数。

5) 过程检验

在烧结工艺中，需要关注膜的颜色是否均匀，然后把硅片翻过来，看背面是否有铝包、铝珠，颜色是否一致，厚度是否一致，背电场和背电极是否偏移；再把硅片放平，用塞尺测量弯曲度，如有必要，用光学显微镜观测细栅线的宽度和高度。

6) 烧结炉的清洁

(1) 清洁工具及试剂。

无尘布、酒精壶、水桶、超声波清洗机、18MΩ · cm 纯水、工业酒精、乳胶手套。

(2) 烧结炉的清洁作业过程。

① 按照烧结炉停机程序，确保烧结炉在正常情况下停机后打开盖板。

② 用蘸着酒精的无尘布擦拭烧结炉上料台、下料台。

③ 卸下文氏管，用蘸着酒精的无尘布擦拭。

④ 用蘸着酒精的无尘布擦拭冷却水过滤器。

⑤ 用蘸着酒精的无尘布擦拭冷却区上下风扇。

⑥ 用蘸着酒精的无尘布擦拭干燥区内加热管。

⑦ 用蘸着酒精的无尘布擦拭卸下的盖板和烧结炉表面。

⑧ 由工程人员装上超声波清洗机，调用清洗程序运行网带，清洗 3 次，每次 1h，清洗完后停止网带运行，卸下超声波清洗机，连接好网带。

⑨ 装上文氏管和盖板。

(3)烧结炉清洁的作业要求。

① 烧结炉表面无灰尘和污物,冷却水过滤器无沉淀物,网带表面洁净无污物。

② 文氏管和冷却水过滤器要轻拿轻放。

③ 冷却区要左右擦而不能上下擦。

(4) 工序作业与质控流程。

烧结工艺中具体的工艺流程之间均为自动传送。

5. 实验注意事项

(1) 收片员对烧结炉表面和网带进行擦拭，保证无灰尘和污物。

(2) 收片员及时对炉膛内可见的碎硅片进行清理。

(3) 如果有临时停电通知，应在 30min 之前关闭烧结炉，以免突然停电，对烧结炉灯管产生影响。

(4) 关闭烧结炉之前,需要先把温度降下来,直到各温区温度均在 200℃以下，才能关掉烧结炉主电源。

(5) 若有温区不能达到设定温度，要把该温区温度设置到最低限度，以免损伤灯管。

(6) 在正常生产运行过程中，设备出现任何异常或报警，应及时通知设备、工艺、品质人员，生产需留守 1 人观察，但禁止操作。

6. 数据处理

自行记录实验情况。

7. 思考题

(1) 试说出烧结对电池片的影响。

(2) 烧结的工艺流程是什么？

第 4 章　光伏组件封装实验

4.1　光伏组件制备工艺概述

光伏组件的封装不仅可以使电池的寿命得到保证，而且还增强了电池的抗击强度，所以封装是光伏组件生产中的关键步骤，没有良好的封装工艺，多好的电池也生产不出好的光伏组件。目前，国内外光伏组件所采用的封装技术主要包括EVA 胶膜封装、真空玻璃封装和紫外(UV)固化封装。其中，EVA 胶膜封装是应用最为广泛的晶体硅光伏组件封装方法，其结构如图 4-1 所示。

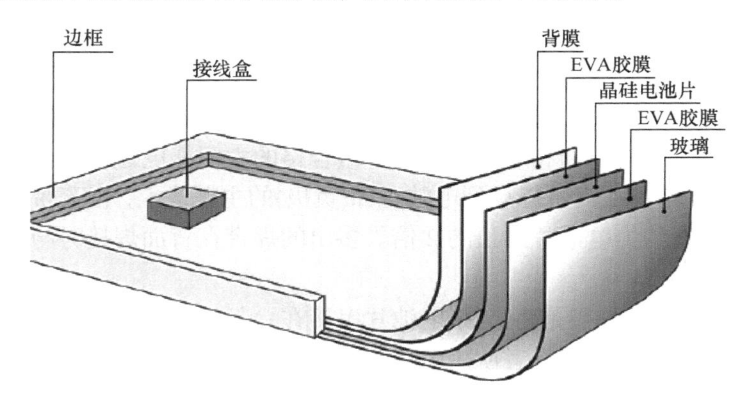

图 4-1　光伏组件结构图

晶体硅(c-Si)光伏组件通常由太阳能玻璃前盖、聚合物封装层、前后表面印刷有金属电极的单晶或多晶硅电池、连接单个电池的焊带以及聚合物(少数采用玻璃)背板组成。而薄膜光伏组件既可以通过在组件背面沉积半导体层的底衬工艺(Substrate Process)制造，也可以使用在组件前表面沉积半导体层的顶衬工艺(Superstrate Process)制造。

为了确保组件的力学稳定性和对整个太阳能电池吸收光谱范围内的高透光率，并保护电池和金属电极不受外界环境侵蚀，必须在电池前表面使用太阳能玻璃。对于柔性太阳能电池技术，则选择聚合物作为前板，这层结构对材料阻挡特性要求非常高。背面材料同样要确保力学稳定性、电气安全性，使电池和组件其他部件不受外界影响。

在一系列组件生产步骤中，固化工艺耗时最长。而组件生产商追求的主要目标是通过研制能在相同时间内加工更多组件的层压机来降低工艺耗时。除此之外，还有另一种可行的方法，即对封装材料本身进行调整，例如，添加经过优化的过氧化物交联剂以加快交联速度，或者使用热塑性封装材料。

对于所有固化工艺来说，最主要的挑战是如何获得均匀和足够的固化或交联水平以确保黏合强度和稳定的层压效果。要达到这一目的，组件封装操作必须提供良好的导热和均匀的压力、高度精确的温度控制以及保证工艺参数长期稳定。

电池-组件效率比可以表明互连电池片封装成组件后的效率与封装前电池平均效率之间的关系。由于封装材料对效率和可靠性影响非常大，所以选择合适的材料在组件设计环节显得很重要。至于耐用性和安全性，封装材料必须满足在各种环境和工作条件下长期使用的要求。对于所使用的聚合物材料，微环境条件在这些衰退过程中非常重要，并受组件其他材料特别是前表面和背部材料的强烈影响。因此，为封装选择合适的材料组合相当重要。

层压组件制备主要包括如下流程。

(1) 电池分选：由于电池片制作条件的随机性，生产出来的电池片性能不尽相同，所以为了有效地将性能一致或相近的电池片组合在一起，应根据其性能参数进行分类；电池测试即通过测试电池片的输出参数(电流和电压)的大小对其进行分类，以提高电池片的利用率，做出质量合格的太阳能电池组件。

(2) 单焊：是将汇流带焊接到电池正面(负极)的主栅线上，汇流带为镀锡的铜带，焊带的长度约为电池片边长的 2 倍。多出的焊带在背面焊接时与后面的电池片的背面电极相连。

(3) 串焊：背面焊接是将 N 张电池片串接在一起形成一个组件串，电池的定位主要靠一个模具板，操作者使用电烙铁和焊锡丝将单片焊接好的电池的正面电极(负极)焊接到“后面电池”的背面电极(正极)上，这样依次将 N 张电池片串接在一起，并在组件串的正负极焊接引线。

(4) 叠层：背面串接好且经过检验合格后，将组件串、玻璃和切割好的 EVA 、太阳能电池背板按照一定的层次敷设好，准备层压。敷设时保证电池串与玻璃等材料的相对位置，调整好电池间的距离为层压打好基础(敷设层次由下向上为玻璃、EVA、电池片、EVA、玻璃纤维、背板)。

(5) 组件层压：将敷设好的电池组件放入层压机内，通过抽真空将组件内的空气抽出，然后加热，使 EVA 熔化，将电池、玻璃和太阳能电池背板黏结在一起；最后冷却取出组件。层压工艺是太阳能电池组件生产的关键一步，层压温度和层压时间根据 EVA 的性质决定。我们使用普通的 EVA 时，层压循环时间约为 21min，固化温度为 138～140℃。

(6) 修边：层压时 EVA 熔化后，由于压力而向外延伸固化形成毛边，所以层压完毕应将其切除。

(7) 装框：类似给玻璃装一个镜框，给玻璃组件装铝合金边框，增加组件的强度，进一步地密封电池组件，延长电池的使用寿命。边框和玻璃组件的缝隙用硅酮树脂填充，各边框间用角键连接。

(8) 黏结接线盒：在组件背面引线处黏结一个盒子，以利于电池与其他设备或电池间的连接。

(9) 组件测试：测试的目的是对电池的输出功率进行标定，测试其输出特性，确定组件的质量等级。

4.2　层压组件封装实验

实验 4.2.1　电池片分选

1. 实验目的

(1) 了解通过目视检查和测量判断太阳能组件外观是否合格的方法。

(2) 能够通过初选将有缺角、栅线印刷不良、裂片、色差等问题的电池片筛选出来。

2. 实验设备

太阳能电池片、电子显微镜、手套、泡沫垫、泡沫盒。

3. 实验原理

光伏电池外观检验项目与标准如表 4-1 所示。

表 4-1　外观检验项目与标准

序号	检验项目	检验标准
1	裂纹片、碎片、穿孔片	若存在，则判定为不合格产品
2	V 形缺口、缺角	若存在，则判定为不合格产品
3	崩边	深度小于 0.5mm，长度小于 1mm，数目最多为 2 个
4	弯曲	用塞尺测量电池片的弯曲程度：125 的弯曲度不超过 0.75mm，156 的弯曲度不超过 1.5mm
5	正面色彩及其均匀性	日常光照情况下：电池片上方正对电池片观测时为蓝色，与电池表面成 35°角观察，呈褐、紫、蓝三色，目视颜色均匀
6	色差、色斑、水痕	同批次电池片颜色应该一致。电池片上因这些因素色彩不均匀的面积应小于 $2cm^2$，无明显色差、水痕、手印
7	正面次栅线	断线不多于 3 条，每条长度小于 3mm，不允许有两条平行断线存在
8	正面栅线结点	少于 3 处，每处长度和宽度均小于 0.5mm

续表

序号	检验项目	检验标准
9	电池片正面漏浆	肉眼观测应少于 2 处，总面积小于 1.5mm^2
10	正面主栅线漏印缺损	不超过 1 处，面积小于 2.2mm^2
11	正面印刷图案偏离	四周印刷外围到硅片边缘距离差别不大于 0.5mm
12	电池片正面划伤	电池片表面无划伤，但对于在制作过程中采用激光刻蚀工艺的电池的边沿刻蚀线除外
13	背面铝印刷的均匀性	均匀，无明显不良现象
14	背面印刷图案偏离	背面印刷外围到硅片边沿的距离不大于 0.5mm
15	背面银铝电极缺损	断线不能多于 1 处，且长度不大于 5mm
16	背面铝缺损 由烧结炉传送带结构导致	鼓包高度不大于 0.2mm，且总面积不大于 1mm^2

4. 实验内容

(1) 领取电池：按照生产工作指令，将电池片从仓库领出，并整齐地放在指定区域的托盘中，如图 4-2 所示。

(2) 开包准备：打开包装盒，将电池片取出，接触电池时要戴好手指套，电池片要注意轻拿轻放。确认好电池片实物与外包装箱标识一致且数量正确后方可分选。

(3) 检测准备：桌面上垫上泡沫垫，保持桌面清洁，划分好合格电池片放置区和各种类型的不合格电池片放置区，并做好标识。

(4) 目视外观分选：以 20 片/次为限，对电池片进行分选。双手捏住电池片主栅线位置，将电池片竖立在操作台泡沫垫上，检查电池片有无缺角、崩边和大小角等，如图 4-3 所示。将有缺陷的电池片按缺陷类别分别放置在泡沫盒中，并做好缺陷类型及数量标识。

图 4-2 电池放置

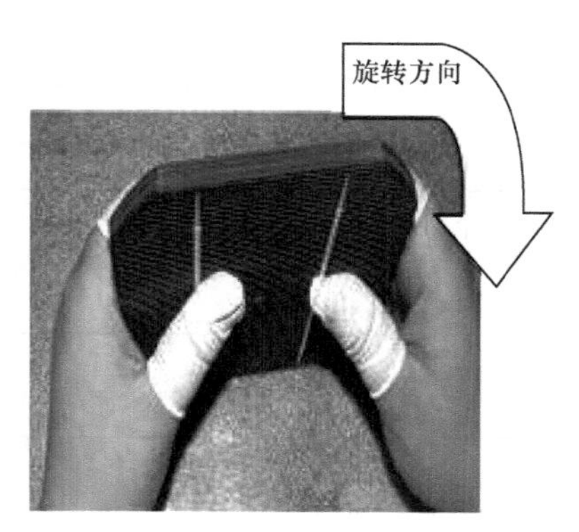

图 4-3 外观检测

注意：标识不要直接贴在电池片上。

(5) 单片目视分选：将电池片旋转，分别检查电池片的每一边，方法同(4)。

(6) 单片目视检测：将电池片平放在操作台泡沫垫上，每次取一片，从正、反两面检查电池片。拿取方法：双手大拇指轻轻捏住电池片一面主栅线位置，其他四指托住电池片的另一面，如图 4-4 所示。翻转方法如图 4-5 所示。分别检查电池片正、反两面有无明显缺陷，有缺陷的电池片要根据缺陷类型分别区分放置。

图 4-4　单片检测　　图 4-5　翻转检测

(7) 如果无明显缺陷，需使用电子显微镜检查电池片上面的细栅线，有无隐裂现象。

使用电子显微镜观察是否有隐裂步骤。

① 开启电子显微镜：打开计算机及电子显微镜系统，右手紧握镜臂，左手托住底座，使电子显微镜置于左肩前方实验台上，底座后端距桌边缘 7 cm 为宜，便于坐着操作。

② 对光：用拇指和中指移动显微镜物镜转换器(切忌手持物镜移动)，使低倍率物镜对准载物台的通光孔(当转动听到碰叩声时，说明物镜光轴已对准载物台透光镜筒中心)。打开光圈，上升集光器，并将反光镜转向光源，以左眼在目镜上观察，同时调节反光镜的方向，直到视野内的光线均匀明亮为止。

③ 放置电池片标本：将电池片标本正面朝上放在载物台上，用推片器弹簧夹住，然后旋转载物台的位置调节旋钮，将所要观察的部位调至载物台透光镜筒的中心位置。

④ 调节焦距：以右手按逆时针方向转动粗调焦旋钮，使载物台缓慢地上升至物镜距标本片约 5mm 处。注意载物台位置发生变化时，切勿在目镜上观察。一定要从右侧监视载物台的上升，避免物镜与被测电池片表面接触，造成物镜或标本片损坏。然后左眼观察目镜，右手顺时针方向缓慢转动粗调焦旋钮，使载物台缓慢下降，直到视野中出现清晰的物像为止。

⑤ 物像调节：如果物像不在视野中心，可调节载物台位置调节旋钮将其调入视野。如果视野内的亮度不合适，可调节集光器的位置或开闭光圈，如果在调节焦距时，载物台位置已超过工作距离(>5.4mm)而未见到物像，说明此次操作失败，应重新操作，切不可急躁盲目地上升载物台。

⑥ 观察图像：做好以上各项操作后，可以在计算机上观察到电池片表面的图像，可对图谱进行分析、评级，对图片进行输出、打印。

(8) 分选结束：分选结束后，需要将不合格的电池片进行记录(供应商、规格、档次、缺陷类型和缺陷片数)、包装。同时，对外观分选合格的电池片保存记录，留待下一次实验。

5. 实验注意事项

(1) 分选组整箱电池片要放整齐，放在指定区域的托盘上，箱子不得超出托盘区域且纵向堆放≤4个箱子。

(2) 作业时光照要充足。

(3) 手指套要戴好，没有戴手指套的手指严禁接触电池片。

(4) 电池片要轻拿轻放，避免碰到其他物体或身体的其他部位引起裂片。

(5) 电池片放在空气中的时间不能过长。

6. 数据处理

电池片外观检验记录表

序号	不符合要求的检验项目编号	偏差值	结论	备注
1				
2				
3				
4				
存在的问题及改进建议				

电池片显微镜测试记录表

序号	目测记录	显微镜测试记录	有无隐裂	备注
1				
2				
3				
4				
5				

7. 思考题

(1) 晶硅太阳能电池片共分为几种?

(2) 太阳能电池片分选的目的是什么?

实验 4.2.2　电池片的电性能测试和分选

1. 实验目的

(1) 了解激光划片机的使用方法。

(2) 能够按照要求使用激光划片机确定单片电池片的面积，进行划片。

2. 实验设备

太阳能电池分选仪。

3. 实验原理

用测试仪对电池片的转换效率和单片功率进行分选测试，通过模拟太阳光谱光源，对电池片的相关电参数进行测量，根据测量结果将电池片进行分类。

常用的分选仪具有专门的校正装置，对输入补偿参数进行自动、手动温度补偿和光强补偿并具备自动测温与温度修正功能。

分选仪特点如下：采用基于 Windows 的操作界面，测试软件人性化设计较好，可记录并显示测试曲线(I-V 曲线、P 曲线)和测试参数(V_{oc}、I_{sc}、P_m、V_m、I_m、FF、E_{ff})，每片电池片的测试序列号自动生成并保存到指定文件夹。典型电池分选仪参数和技术指标如表 4-2 所示。

表 4-2　典型电池分选仪参数和技术指标

规格	SCT-B/-C	数据采集量	8000 对数据点
光强范围	70～120mW/cm^2	光强不均匀度	≤±3%
测试系统	A/D 控制卡 显示 I-V 曲线和 P 曲线	测试参数	V_{oc}、I_{sc}、P_m、V_m、I_m、FF、E_{ff}
测试面积	300mm×300mm	分选方式	半自动、全自动
测试时间	3s/pcs	模拟光源	脉冲氙灯

4. 实验内容

(1) 测试前使用标准电池片校准测试仪器，误差不超过±0.01W。

(2) 测试有误差时，对测试仪器进行调整，记录校准结果。

(3) 按需要分选电池片的批次规格标准，选取被测电池片。

(4) 开启测试仪。按下电源开关，预热 2min，按下量程按钮。

(5) 用标准电池片将测试台的测试参数调到标准值，确认压缩空气压力正常。

(6) 将待测的电池片放到测试台上进行分选测试。电池片有栅线的一面向上放在测试台铜板上，调节铜电极的位置使之恰好压在电池片的主栅极上，保证电极接触良好。踩下脚阀进行测试，根据测得的电流值进行分类。

(7) 将分选出来的电池片按照测试的数值分为合格与不合格两类，并放在相应的盒子里标示清楚。合格电池片在检测后按每 0.05W 为一档分档放置。

(8) 测试完成后整理电池片，以 100 片作为一个包装单位，清点好数目并做相应的数据记录。

(9) 作业完毕，按操作规程关闭仪器。

5. 数据处理

电池片电性能测试记录表

序号	标称功率和转换效率	测得功率和转换效率	误差和结论	备注
1				
2				
3				
4				
总计	测试片数量： 损坏数量： 测后良片数量：			

实验 4.2.3 太阳能电池的划片

1. 实验目的

(1) 了解激光划片机的使用方法。

(2) 能够使用激光划片机按照要求确定单片电池片面积，进行划片。

2. 实验设备

激光划片机、游标卡尺。

3. 实验原理

每片太阳能电池无论大小，其电压基本是一致的，而电流则随芯片面积的大小而成正比例变化，因此，需根据客户对组件最大输出功率的要求确定芯片电流，进而确定芯片面积，然后进行划片。激光划片是利用高能激光束将完整的电池按照组件要求除去大片上多余的部分，形成合适的硅片。为节省材料，经常把完整电池片切割成 4 等份、6 等份、8 等份等不同尺寸的小电池片，以满足制作小功率组件和特殊形状光伏组件的需要。

如果全是生产大组件，就不需要划片，划片在生产小组件的工厂是必需的一道工序而且很关键，划片如果把关不严，例如，激光电流过大会导致电池短路；切割线不齐可导致串焊、层叠困难等。用激光来划片切割硅片是目前最为先进的技术，这种技术的使用精度高、重复精度高、工作稳定、速度快、操作简单、维修方便。

激光划片是利用高能激光束照射在工件表面，使被照射区域局部熔化、气化、从而达到划片的目的。

因激光经专用光学系统聚焦后成为一个非常小的光点，能量密度高，因其加工是非接触式的，对工件本身无机械冲压力，工件不易变形，热影响极小，划片精度高，广泛应用于太阳能电池板、薄金属片的切割和划片。

激光划片机主要用于金属材料及硅、锗、砷化镓和其他半导体衬底材料划片和切割，可加工太阳能电池板、硅片、陶瓷片、铝箔片等，工件精细美观，切边光滑。

根据工作电源的不同，太阳能激光划片机种类很多，包括光纤激光划片机、半导体激光划片机、半导体侧面泵浦激光划片机、YAG 激光划片机等，图 4-6 为半导体泵浦激光器划片机。采用连续泵浦声光调 Q 的 Nd:YAG 激光器作为工作光源，由计算机控制二维工作台，能按输入的图形做各种运动。输出功率大，划片精度高，速度快，可进行曲线及直线图形切割。

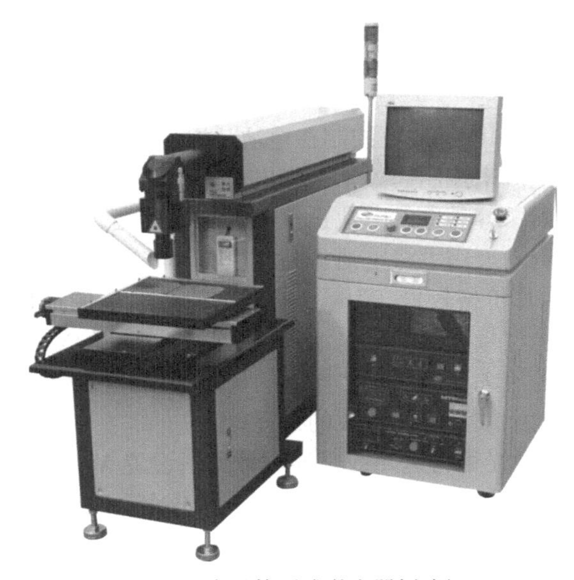

图 4-6　半导体泵浦激光器划片机

激光器划片机操作步骤大致如下(不同类型、不同公司生产的可能有所不同)：

(1) 按步骤打开外部电源，确认电源控制盒紧急停止开关处于释放状态，打开电源开关，主机上电源指示灯(红灯)点亮，同时制冷风扇开始工作。

(2) 打开激光电源控制盒的钥匙开关(激光电源开关)，微处理器开始自检过程，如果自检通过，显示屏将停留在启动画面。

(3) 将电流加至 5A，5min 后再加 5A，依次加到工作电流。

(4) 打开计算机电源，按下启动按钮，打开工作台运行开关。

(5) 启动软件程序，控制划片机正常切割。

(6) 踩下气动开关，取出电池片，切割完毕。

4. 实验内容

(1) 按操作规程打开划片机，检查设备是否正常。

(2) 确认 X、Y 轴的起点位置，打开新建界面或已有文档，设置好切割程序。

(3) 不出激光情况下，试走一个循环，确认电气机械系统正常。

(4) 置白纸于工作台上，出激光，调焦距，调起始点。

(5) 打开激光灯开关，使激光器打出的红点与 XY 轴的起点一致，设置好边缘尺寸。置白纸于工作台上，出激光(使白纸边缘紧贴 X 轴、Y 轴基准线，并不能弯曲)，试走一个循环。

(6) 取下白纸，用游标卡尺测量到精确为止。

(7) 置电池片于工作台上(背面向上)，出激光，调节电流进行切割，试划浅色线条后，再次测量电池片大小是否在公差范围内。

(8) 切割完毕，按操作规程关闭机器。

5. 实验注意事项

(1) 划片时，切痕深度一般要控制在电池片厚度的 1/2～2/3，这主要通过调节激光划片机的工作电流来控制。如果工作电流太大，功率输出大，激光束强，可以将电池片直接划断，容易造成电池正负极短路。反之，如果工作电流太小，划痕深度不够，在沿着划痕用手将电池折断时，容易将电池片弄碎。

(2) 太阳能电池片价格较贵，为减少电池片在切割中的损耗，在正式切割前，应先用与待切电池片型号相同的碎电池片做实验，测试出该类电池片切割时激光划片机合适的工作电流 I_0，这样正常样品的切割中划片机按照电流 I_0 工作，可以减少由于工作电流太大或太小而造成的损耗。

(3) 激光划片机激光束行进路线是通过计算机设置 XY 坐标来确定的，设置坐标时，一个小数点和坐标轴的差错会使激光束路线完会改变，因此，在电池片切割前，先用小工作电流(使激光能看清光斑即可)让激光束沿设计的路线走一遍，确认路线正确后，再调大电流进行划片。

(4) 一般来说，激光划片机只能沿 XY 轴方向进行切割，切方形电池片较方便。当电池片需要切成三角形等形状时，切割前一定要计算好角度，摆好电池方位，使需要切割的线路沿 X 或 Y 方向。

(5) 在切割不同电池片时，如果两次厚度差别较大，调整工作电流的同时，注意调整焦距。

(6) 切割电池片时，应打开真空泵，使电池片紧贴工作面板，否则，切割将不均匀。

6. 数据处理

请自行记录切割情况。

7. 思考题

激光划片机的操作要点是什么？

实验 4.2.4　焊带处理

1. 实验目的

(1) 了解焊带的功能以及不同要求所需要的长度。

(2) 掌握焊带裁剪处理的方法。

(3) 了解助焊剂的作用。

2. 实验设备

焊带、金属网框、助焊剂及容器。

3. 实验原理

光伏焊带又称镀锡铜带或涂锡铜带，分为汇流带和互连条，应用于光伏组件电池片之间的连接，发挥导电聚电的重要作用。

焊带是光伏组件焊接过程中的重要原材料，焊带质量的好坏将直接影响光伏组件电流的收集效率，对光伏组件的功率影响很大。

1) 助焊剂的主要作用

(1) 有清洗被焊金属和焊料表面的作用(去除氧化物和污物)。

(2) 熔点要低于所有焊料的熔点(保证先熔化并在表面)。

(3) 在焊接温度下呈液态，具有保护金属表面的作用。

(4) 有较低的表面张力，受热后能迅速均匀地流动(浸润与扩散)。

(5) 不导电，无腐蚀性，残留物无副作用。

(6) 熔化时不产生飞溅或飞沫。

(7) 助焊剂的膜要光亮、致密、干燥快、不吸潮、热稳定性好。

特别是对于 1.8mm 宽的主栅线，2mm 宽的互连条，对浸润能力要求更高，因为要想使互连条上面的焊料进入主栅线，其运行轨迹是有弯曲的，如果浸润能力不足，焊料将随烙铁头流动。所以，相对较窄的互连条可焊性比宽的互连条要强一些，是因为互连条上下面的焊料能与主栅线直接接触，热量也能快速传至主栅线。

如果助焊剂与熔融的焊料不能与主栅线有效接触，热量也难于传至主栅线，因此更不容易形成合金相，这种情况从表面上看焊接得很好，但其实近似于虚焊。

2) 助焊剂去除氧化剂的方式

助焊剂与氧化物的化学反应有以下几种：

(1) 相互化学作用形成第三种物质。

(2) 氧化物直接被助焊剂剥离(类似于烧水壶除垢，不是使水垢与除垢剂完全反应，而是通过浸入两相的界面并扩张使碳酸盐固相与基体剥离)。

(3) 上述两种反应并存。

一般来讲，焊带未经过低温浸泡时，由于 pH 不是很高，有机酸助焊剂以第(2)种为主。

4. 实验内容

(1) 根据生产指令单的要求，裁剪互连条和汇流条，手工裁剪互连条和汇流条时，一次只能裁 3 根，如图 4-7 所示，确保裁剪处光滑不弯曲、无毛刺、刀口定期更换。

图 4-7　裁剪互连条与汇流条

(2) 将焊带放入金属网筐中铺平，再将网筐放入加好助焊剂的容器中，使焊带浸入助焊剂中，并翻动焊带使其与助焊剂充分接触。如果没有金属网筐，直接将焊带放入容器中。助焊剂使用之前先进行摇匀或搅拌，防止由于静放时间长，助焊剂浓度上下不均匀。助焊剂用量为：标准组件焊带 10 件/150mL，小组件焊带 10 件/100mL，如图 4-8 所示。

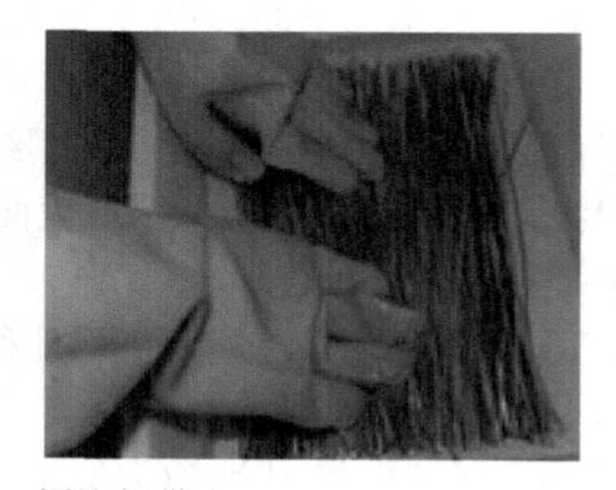

图 4-8　浸泡焊带

(3) 浸泡完毕，将金属网筐提起滤掉多余的助焊剂，没有使用金属网筐的情况下，竖直拎起焊带，手动滤掉多余的助焊剂。

(4) 将滤掉多余助焊剂的焊带放在不锈钢烘干容器里，然后放在烘干箱下面，焊带离吹风口高度为 10～15cm 或 15～20cm，如图 4-9 所示。每隔半分钟翻动一下焊带，使其充分干燥。烘干时注意把握好烘干时间，如果焊带距吹风口的距离为 10～15cm,烘干时间为 3～5min；如果焊带距吹风口的距离为 15～20cm，烘干时间为 7～10min。无论何种情况，不允许烘干时间超过 10min，烘干过程中焊带表面的温度不允许超过 90℃。焊带烘干的检测：①取焊带进行目测，一般烘干的焊带表面发灰发白；②取一烘干的焊带平放在白纸上，放焊带处的纸不变湿为宜。

图 4-9　烘干焊带

(5) 整理焊带，检查烘干的焊带，将其中有扭曲、弯曲的焊带挑出，再用洁净的纸将烘干好的焊带按 10～15 件/包，包裹起来，送焊线使用。

5. 实验注意事项

(1) 操作前必须戴口罩和手套。

(2) 助焊剂要放在通风位置，温度在 25℃左右，防止明火和阳光直射。

(3) 每次浸泡的焊带要全部取出，不许遗留。

(4) 助焊剂用量：标准组件焊带 10 件/150mL，小组件焊带 10 件/100mL。

(5) 翻动焊带和滤掉助焊剂时，动作不宜过大，防止焊带被扭曲、扭弯。

(6) 暂时不用的助焊剂必须密封，隔夜放置的助焊剂不许再次使用，隔夜使用过的助焊剂不许再次使用。

(7) 每次浸泡或烘干作业，容器内放置的焊带数量为：标准组件 15～20 件，小组件根据焊带尺寸进行换算。

(8) 烘干焊带时需双手均匀翻动焊带，防止焊带被扭曲、弯曲，如有扭曲、弯曲的焊带，整理时要将其挑出。

(9) 已烘好的焊带放置时间不宜过长，以保证焊接过程中起到助焊作用。隔夜烘好的焊带须经过工艺确认后方可再次使用。

(10) 更换不同规格助焊剂或清洗浸泡容器重新使用前，需要用新助焊剂涮洗浸泡容器一至两次，烘干容器需要更换或用新助焊剂清洗一至两次。

6. 思考题

(1) 光伏焊带需要有什么样的性能和特点?

(2) 请找出最常用的助焊剂及其工作原理。

实验 4.2.5　单片焊接

1. 实验目的

(1) 掌握电烙铁的用法。

(2) 掌握单片电池片的焊接方法。

2. 实验设备

电烙铁、加热板、焊带。

3. 实验原理

在组件生产过程中，焊接工序是最重要的环节之一，光伏组件焊接可以是人工焊接，也可以是全自动机器焊接，人工焊接用电烙铁，机器焊接用全自动焊接机。

光伏组件生产中，常用的焊接工具是焊台和手持式小功率电烙铁。电烙铁使用可调式的恒温电烙铁较好，恒温电烙铁如图 4-10 所示，内装有带磁铁式的温度控制器，控制通电时间而实现温控，即给电烙铁通电时烙铁的温度上升，当达到预定的温度时，因强磁体传感器达到了居里点而磁性消失，从而使磁芯触点断开，这时便停止向电烙铁供电；当温度低于强磁体传感器的居里点时，强磁体便恢复磁性，并吸动磁芯开关中的永久磁铁，使控制开关的触点接通，继续向电烙铁供电。如此循环往复，便达到了控制温度的目的。

图 4-10　恒温电烙铁

使用电烙铁时，电烙铁的温度太低则熔化不了焊锡，或者使焊点未完全熔化而焊接不可靠；温度太高又会使电烙铁“烧死”，即尽管温度很高，却不能蘸上锡。另外，也要控制好焊接时间，电烙铁停留的时间太短，焊锡不易完全熔化，易形成“虚焊”，而焊接时间太长又容易损坏焊件。焊接时还要注意控制电烙铁的移动速度，移动速度过快或速度不均匀都会导致焊接不牢及焊接面积减少。

焊接时，需要焊锡和助焊剂。常用的助焊剂是松香或松香水(将松香溶于酒精中)。使用助焊剂可以帮助清除金属表面的氧化物，利于焊接，又可保护烙铁头。

1) 焊接过程

(1) 润湿(横向流动)。又称浸润，是指熔融焊料在金属表面形成均匀、平滑、连续并附着牢固的焊料层。浸润程度主要取决于焊件表面的清洁程度及焊料的表面张力。金属表面看起来是比较光滑的，但在显微镜下面看，其表面有无数的凸凹、晶界和伤痕，焊料就是沿着这些表面上的凸凹和伤痕靠毛细作用润湿扩散的，因此焊接时应使焊锡流淌。流淌的过程一般是松香在前面清除氧化膜，焊锡紧跟其后，所以说润湿基本上是熔化的焊料沿着物体表面横向流动。

(2) 扩散(纵向流动)。伴随着熔融焊料在被焊面上扩散的润湿现象还出现焊料向固体金属内部扩散的现象。例如，用锡铅焊料焊接铜件，焊接过程中既有表面扩散，又有晶界扩散和晶内扩散。锡铅焊料中的铅只参与表面扩散，而锡和铜原子相互扩散，这是不同金属性质决定的选择扩散。这种扩散作用，在两者界面形成新的合金，从而使焊料和焊件牢固地结合。

(3) 合金层(界面层)。扩散的结果使锡原子和被焊金属铜的交接处形成合金层，从而形成牢固的焊接点。以锡铅焊料焊接铜件为例，在低温(250～300℃)条件下，铜和焊锡的界面就会生成 Cu_3Sn 和 Cu_6Sn_5。若温度超过 300℃，除生成这些合金外，还要生成 $Cu_{31}Sn_8$ 等金属化合物。焊点界面的厚度因温度和焊接时间不同而异，一般为 3～10μm。

对于正面的负极主栅线，由于在烧结过程中存在磷硅玻璃和铅硅合金，在高温烧结条件下可焊性差是正常的，若出现氧化铅等氧化物质，则可焊性更差。

2) 注意事项

切割好的电池片需要连接起来，焊接这一工序就是用焊条(连接条)按需要的电池片串联或并联好，最后汇集成一条正极和一条负极引出来。焊接时要注意几点：太阳能电池串联后，总电流与电流小的电池片产生的电流一致，因此每片串联的太阳能电池要求尺寸一样大，颜色一致(一方面保证电池光电转换效率一致，另一方面使组件外表更美观)；手工焊接时，把握好烙铁与焊点接触时间，尽量一次焊成，如果一个焊点反复焊接，电池片上电极很容易脱落；焊点要均匀，若某些焊点焊锡太多，表面不平整会影响电池层压，增加碎片率。

单体焊接前，电池片是比较平整的，但是单体焊接后电池片就会发生翘曲，冬天这种情况比较严重，对电池片进行预加热，可以减小翘曲。焊接后的电池片都有不同程度的翘曲。单焊时，电池片另一面同样需要有加热板。

3) 单体焊接工艺技术规程

(1) 开始作业前及连续使用 4h 后，焊接烙铁温度必须校准一次。校准仪表使用 Quick 191A 型温度测试仪。

(2) 加热板温度：50℃。

焊接温度：350～370℃。

焊接速度：30～40mm/s，即 125mm×125mm 电池片，每条互连条焊接时间为 3～4s；156mm×156mm 电池片，每条互连条焊接时间为 4～5s。

每条互连条虚焊率：≤30%。

互连条浸泡时间：不允许超过 5s。

(3) 浸泡互连条的助焊剂每次用量要适度，盖盖浸泡、随开随盖。使用超过 16h 的助焊剂不得再用。

(4) 浸泡的互连条必须待助焊剂晾干后使用。

4. 实验内容

(1) 在平整的加热焊接平台上铺上一层高温水发布，芯片正面向上放在加热模板上。

(2) 将已浸泡过的汇流条压在芯片的主栅线上，汇流条应放在距电池边缘第一根细银栅线或第一根至第二根细银栅线之间，顺着主栅线用自动恒温电烙铁把汇流条压焊上去，如图 4-11 和图 4-12 所示。

图 4-11　单体焊接(一)

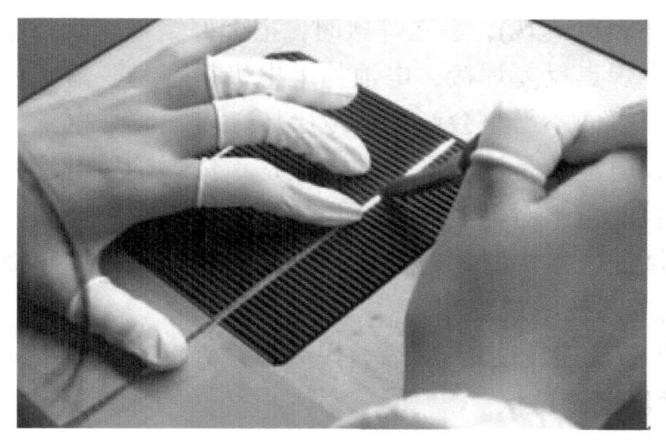

图 4-12　单体焊接(二)

(3) 焊好后用右手将电池片轻推至加热板边缘，左手拇指超过一根主栅线轻轻拿起，整齐摆放在盒子里，每个盒子，电池片数量只允许一个组件，如图 4-13 所示。

5. 实验注意事项

(1) 焊接平直，牢固，无虚焊，用手沿 45°左右方向轻提焊带不脱落。

(2) 焊带要均匀地焊在主栅线内。

图 4-13　整齐摆放

(3) 单片完整，无碎裂现象，缺角小于 1mm^2，每片不超过 2 个，表面不得有挂锡或锡渣等异物。

(4) 背面及边沿无微小裂缝、裂纹。

(5) 符合要求，做好记录并流入下道工序。

(6) 助焊剂，一定要清洁干净。

6. 数据处理

记录焊接情况。

7. 思考题

(1) 为什么要严格控制电烙铁温度?

(2) 加热板的作用是什么?

(3) 电烙铁焊接的技术要点有哪些?

实验 4.2.6　串联焊接

1. 实验目的

(1) 掌握将单体电池串接成一个组件串的方法。

(2) 了解并掌握串联焊接的焊接技巧。

2. 实验设备

焊带、电池片、助焊剂、电烙铁、加热板。

3. 实验内容

(1) 用酒精和无尘布将串焊模板、工装擦拭干净，不得有锡渣和杂物。

(2) 打开电烙铁及加热板，并按技术规格要求调整温度。

(3) 取一片短焊带的电池片背面朝上放在串焊模板上，左边沿靠近模板的左边第一个靠山，保持左边沿与下边沿紧靠模板的左边与下边靠山，并保持垂直不移位，然后取长焊带的电池片背面朝上依次排放在模板上。单片的汇流条引线覆盖在前一块单片电池背面的银层上。依次将电池片放入焊接模板相应位置，对齐主栅线，如图 4-14 所示，摆放必须一次到位。

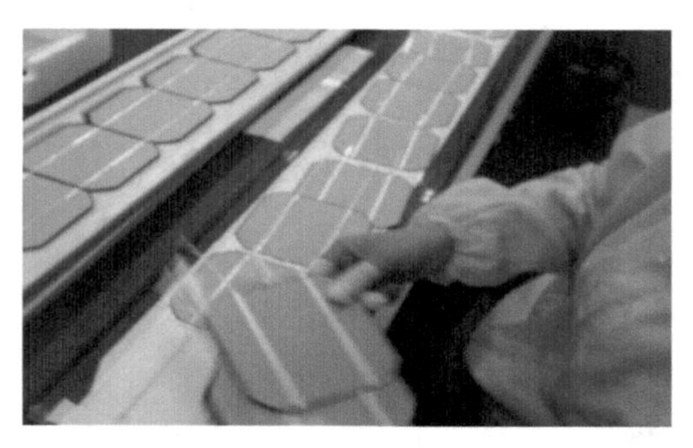

图 4-14　串联焊接摆放

(4) 在汇流条上涂上助焊剂，用自动恒温电烙铁，温度调至适当，把汇流条压焊上去。左手固定电池片，右手将焊带焊接在相邻的电池片背部的主栅线上，保证片与片的间距为 2mm，焊接时先焊正极引出线，对正电池片后用左手手指压住互连条和电池片，避免相对位移，然后按调整好的电池快速焊接。如果正极主栅线到电池片边沿的距离小于 5mm，则从电池片边沿留 5mm 不焊；如果主栅线到电池片边沿距离大于 5mm，则从主栅线开头焊接，如图 4-15 所示。焊接完进行自检。

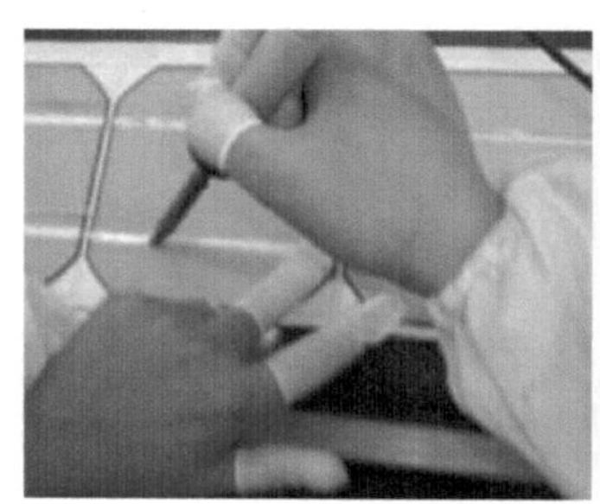

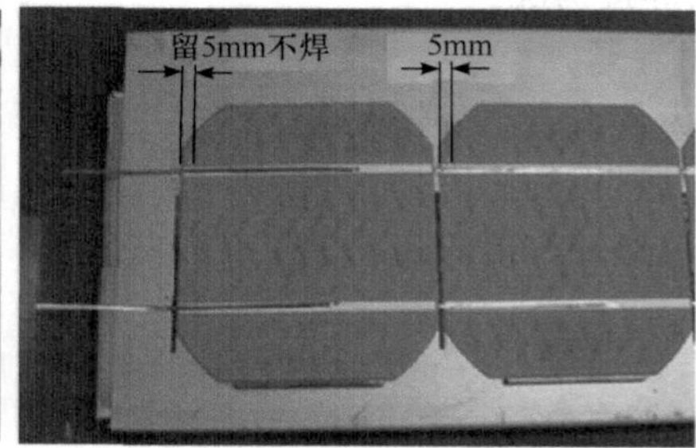

图 4-15　正极主栅线焊接示意图

(5) 根据串接要求，按照以上步骤和规定的间距串接一定数量的电池片。合格地做好流转单记录，用焊接模板放入转接模板，如图 4-16 所示。

4. 实验注意事项

1) 作业前准备

(1) 清洁工作台和所有操作工具，不得有灰尘和杂物。

(2) 交接班或间隔时间超过 1h 需要重新对工作台及使用工具进行清洁。

(3) 焊接加热台必须 1h 清洁一次，保证焊接台上无锡渣残留。

2) 作业重点/技术规格要求

(1) 烙铁温度：(350±5)℃。

(2) 加热板温度：(50±5)℃。

图 4-16　放入转接模块

(3) 125mm×125mm 电池片单根焊带焊接时间为 3～4s，156mm×156mm 电池片为 4～5s。

(4) 每片电池片的焊带搭放在该片左边的电池片背面电极上。

(5) 烙铁不用时要上锡保护，烙铁头表面容易氧化，影响焊接。左手固定电池片，右手将焊带焊接在相邻的电池片背部的主栅线上，保证片与片的间距为 2mm，焊接时起焊点要预留 3～5mm，焊接完成后进行自检。

3) 异常处理或注意事项

(1) 作业人员需戴好手套及帽子，严禁裸手接触电池片。

(2) 员工每 2h 自检一次烙铁及加热板的温度，如果有超出标准范围的，应找班组长或巡检人员及时调整。

(3) 摆放电池片时动作要轻，不可用力过大以免损坏电池片。

(4) 每班焊接前，需检查烙铁头，如果损坏，需及时更换。

(5) 焊接时注意安全，避免被烙铁烫伤。

5. 数据处理

自行记录焊接结果。

6. 思考题

试着总结一下串联焊接的焊接技巧。

实验 4.2.7　叠层工艺

1. 实验目的

(1) 了解叠层工艺的顺序。

(2) 了解并掌握太阳能电池的叠层方法。

2. 实验设备

拼装台、排列电池串、光伏玻璃、EVA、汇流条等。

3. 实验内容

(1) 根据组件设计要求的玻璃尺寸确定 EVA、TPT 的尺寸。

① TPT、EVA 的长度和宽度尺寸比玻璃尺寸都增加 15 mm。TPT 每卷接头≤4 个；EVA 每卷接头≤10 个，超过规定数量严禁使用，提交品管处理；EVA 与 TPT 接头点两端各裁去 1.8m，做好记录，集中投入生产。

② 用钢卷尺分别量取 EVA、TPT 的长度或宽度(始终保持 EVA、TPT 处于自然伸展平整状态)，使长、宽边垂直，然后用适当长度的工具定位。

③ 用手压紧定位工具，然后用美工刀紧贴定位工具侧面对 EVA、TPT 进行裁剪。裁剪好的 EVA、TPT 要整齐平放在周转托盘上。

④ 操作结束后，进行自检。自检要求如下：

用钢卷尺按组件设计要求对 EVA、TPT 的尺寸进行检验，误差≤±5mm；长、宽边垂直夹角为 90°±5°(EVA)，90°±2.5°(TPT)。

(2) 检查拼接玻璃上的串接条电极极性是否准确。

根据拼接要求，用双面胶把各串接条黏结固定。

检查需要用的钢化玻璃，玻璃必须清洁，无污物、划伤、气泡等。

(3) 根据拼接要求，先把干净的钢化玻璃放在拼接台上，组件按产品要求将玻璃绒面朝上放置或光面朝上放置。

(4) 再覆盖一层 EVA，EVA 铺设要平整，不能有褶皱，不能有翘起、鼓包，EVA 每个角与玻璃四周的距离要一致。

(5) 两两配合水平抬起工装板两头，按照模板，将正负极同向的电池串摆在模板的相应位置，再将工装板左右调转 180°，然后将电池串摆在模板相应的位置。取放电池串的工装板时，一定保证工装板是水平移动的，不得歪斜；放电池片时要看清正负极，一定要注意电池片的正负极，保证与模板标示一致；电池串之间的距离一定要均匀、大小要统一，如图 4-17 所示。

(6) 按照模板摆放好汇流条，汇流条置于单片焊带引出线下方，汇流条和引出线一定要垂直。用镊子夹住两者接触面的边缘，轻抬使其与 EVA 隔开，同时把烙铁头也压焊在接触面边缘上。待焊接好并等 2～3s 冷却后移开镊子，焊带与汇流条焊接完全。注意电池串正负极是否正确，如图 4-18 所示。电池片的灰色面引出线为正极，蓝色面引出线为负极。焊接汇流条时，一定要小心，防止汇流条弯折严重变形。焊点一定要光滑，无毛刺、锡堆。

(7) 每串电池片引出线和汇流条焊接完成后，用剪刀按照模板将多余的焊带头剪去，裁剪时，一只手要持住待剪焊带，剪口面要保证与所剪焊带水平，剪切后平整、光滑、无毛刺。裁剪多余的焊带引出线时，左手要压住待剪焊带，防止扯动电池片或者剪去的焊带落到组件里，如图 4-19 所示。

图 4-17　电池片的正负极与模板标示一致，电池串之间的距离均匀、大小统一

图 4-18　焊接汇流条

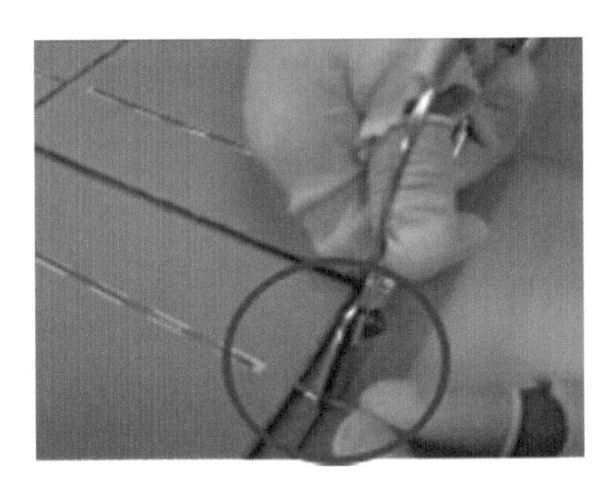

图 4-19　剪去多余焊带

(8) 在相应位置固定汇流条，要求固定点在汇流条与焊带的焊接位置附近，保证焊接后汇流条美观。加热固定之前要检查电池串摆放正确、间距符合要求，固定加热的时间控制在 1～2s，使汇流条与 EVA 黏结在一起。固定点要清洁，没有毛刺、锡堆。

(9) 将条形码贴于模板要求位置。条形码贴平整，勿歪斜，不可有气泡。条形码需要贴在绝缘条上的，用工装预先贴在绝缘条 Tedlar 面(非胶面)，贴条形码时，注意数字方向应为正向的。须用工装的，按工装操作。

(10) 在组件背面覆盖一层 EVA 和 TPT，按要求从 TPT 上打好的孔内把正、负极引线引出来在出线孔的地方用 5mm 宽的 EVA 把出线孔封起来，贴好透明胶带。在组件内贴好外条形码，以上操作完成后，进行自检。

4. 实验注意事项

(1) 拼接好的组件，定位准确，无杂质，单片无碎裂、缺角，符合要求。

(2) 相邻串接条之间的间隙均匀((2±0.2)mm)。

(3) 焊带条平直，无折痕。

(4) 单片无碎裂。

(5) 经检验员检验合格后方可流入下道工序，若不合格，则返工。

(6) 覆盖 EVA 和 TPT 时，一定要盖满钢化玻璃。

(7) 在拼接过程中，组件保持清洁，无杂质、污物和焊带条等残余。

(8) 对上道工序来料不符合要求的，退回上道工序返工；本道工序加工不符合要求的组件自己进行返工，并将操作时的待处理片和废片归类放置。

5. 数据处理

自行记录叠层情况。

6. 思考题

(1) 叠层工艺的叠层顺序是什么？有什么优点？

(2) 为何要保证焊带剪切口光滑？

(3) 钢化玻璃的作用是什么？

实验 4.2.8　层压、固化工艺

1. 实验目的

了解并掌握层压机的使用方法。

2. 实验设备

叠层好的组件、层压机、绝热手套、四氟布(高温布)、美工刀。

3. 实验原理

层压是将层叠好的组件放入层压机中，通过加热固化形成成品。

电池片按要求焊好后，层压前一般先用万用表测电池电压的方式检查焊接好的太阳能电池有没有短路、断路，然后清洗玻璃，按照比玻璃面积略大的尺寸裁制 EVA、TPT，将玻璃—EVA—电池—EVA—TPT 层叠好，放入层压机层压。

光伏层压机是在真空条件下对 EVA 进行加热加压，实现 EVA 的熔化、固化，是对太阳能电池进行封装的设备，组件层压机分为半自动层压机和全自动层压机，是集机械、电器、仪表、液压及自动化控制于一体的太阳能光伏组件生产专用设备。开、关盖的开、关采用气动液压控制，加热温度范围为 30～180℃。在控制台上可以设置层压温度，抽气、层压和充气时间以及控制方式。

如图 4-20 所示，为半自动层压机，结构部分共分为上室真空、下室真空、上盖、下箱、架体，共 5 个部分。打开层压机上盖，其内侧有一个硅橡胶板和上盖构成的气囊腔体，上室指的就是这个气囊；上盖四周有密封圈，上盖合上后，上

盖和下室之间的密闭腔体称为下室。下室内有加热板，加热板分为电加热板和油加热板，油加热板的温度分布更加均匀。层压时，一般要在组件的上下各铺一层高温玻璃丝布，一方面可以减缓 EVA 的升温速率，减少气泡的产生；另一方面可以防止熔融后的 EVA 流出来弄脏加热板。

图 4-20　半自动层压机

当层压机加热温度达到设定温度时，把铺设叠层好的光伏组件放置于加热板上并关合上盖，上盖关合到位后，下室开始抽气(真空)，置于层压机内的光伏组件逐步受热，受热后的 EVA 逐渐处于熔融状态，同时在加热和 EVA 熔融的过程中，EVA 与电池片、玻璃、TPT 之间存在的空气，以及它们本身在被加热过程中蒸发出的气体，都通过下室的抽气过程被排出室外。

抽气完毕后，下一步是加压(层压)步骤。在加压过程中，下室继续抽真空，上室开始充气，由于下室的真空作用，充气后的上室气囊体积膨胀，充斥整个上下室，挤压放置在下室的光伏组件，熔融后的 EVA 在挤压和下室抽气的作用下流动，充满玻璃、电池片和 TPT 背板膜之间的间隙，同时排出中间的气泡，使玻璃、电池片、TPT 背板膜通过熔融的 EVA 紧紧地黏合在一起。黏合在一起的整个光伏组件还要在这种状态下保持一定时间，使 EVA 固化。然后层压机工作状态转换为下室开始充气，上室开始抽真空，使放置有层压好的光伏组件的下室逐渐与大气平衡，而上室气囊在真空状态下逐渐紧贴上盖，这个过程完成后，就可以打开上盖，取出层压好的光伏组件。

半自动层压机的操作步骤如下(以手动层压为例)：

(1) 开机前确保层压机的各连接管线都已经连接好，接通设备配电箱内的电源总开关，再打开空气压缩机，接通压缩气源。

(2) 旋转操作面板上的“自动/手动”旋钮，旋转到“手动”位置。

(3) 将钥匙开关的钥匙插入开关“电源”钥匙孔内，接通电源，层压机开始上电，此时“电源”上方的电源 3 相指示灯亮起。

(4) 设定“温度控制器”的温度到工作温度值，按下“加热”按钮，此时“加热”按钮上的灯亮起，设备开始加热。按下面板上的“真空泵”按钮，打开真空泵。“真空泵”按钮上的灯亮起。

(5) 设定“抽真空计时”“加压计时”“层压计时”3 个计时器到需要的时间。

(6) 旋动“上室充气/上室真空”开关到“上室真空”位置，旋动“下室充气/下室真空”开关到“下室真空”位置，上、下室开始进入真空状态。上、下室真空指示灯亮起。

(7) 等待“台面温度显示表”上显示的加热温度达到设定值后，旋转“下室充气/下室真空”开关到“下室充气”位置，下室充气指示灯亮起。等待下室充气完成。

(8) 按下操作面板上的“开盖”按钮，直到上盖完全打开。

(9) 加入待加工工件。

(10) 按下操作面板上的两个“关盖”按钮，直到上盖关闭到位，此时关盖到位指示灯亮起。

(11) 旋动“上室充气/上室真空”开关到“上室真空”位置，旋动“下室充气/下室真空”开关到“下室真空”位置，上、下室开始进入真空状态。上、下室的真空指示灯亮起。

(12) 当达到真空时间要求后，旋动“上室真空/上室充气”开关到“上室充气”位置，开始对工件实施一定时间的加压。待层压结束后，旋转“下室充气/下室真空”开关到“下室充气”位置，旋动“上室充气/上室真空”开关到“上室真空”位置。等待上、下室完成相应的操作。

(13) 按下“开盖”按钮，直到设备上盖完全打开。

(14) 取出已加工好的工件，放入另一待加工工件，开始下一循环操作。

(15) 所有工件加工完成后，保持上盖打开状态，按下“加热”按钮，“加热”指示灯灭，机器停止加热，做好关机准备。

(16) 等待设备工作平台温度降到 80℃以下。

(17) 按下操控面板上的两个“关盖”按钮，直到关盖到位指示灯点亮。旋动“上室充气/上室真空”开关到“上室真空”位置，旋动“下室充气/下室真空”开关到“下室真空”位置，上、下室开始进入真空状态。上、下室的真空指示灯亮起。

(18) 待上、下室抽真空完毕，分别旋动“上室充气/上室真空”和“下室充气/下室真空”开关到“0”位置。

(19) 按下“真空泵”按钮，关闭真空泵，其指示灯灭。

(20) 旋转“电源”开关的钥匙到“关”位置，关闭设备电源。

注意：

(1) 为确保真空泵管路进气过程完成，应关闭真空泵 5～10s 后，关闭电源。

(2) 加热器内存在强电流与高热，操作者应谨慎，注意安全防护。

从层压机取出的太阳能电池，在层压过程中已经对光伏组件进行了第一次固化，但这样的组件如果不再次固化，EVA 容易与 TPT、玻璃脱层。为长期使用，需要进入烘箱进行第二次固化，以确保 EVA 有良好的交联度和剥离强度。

烘箱固化根据 EVA 种类不同分两种方式。可以放入烤箱中固化，另外，也可以在层压机内直接固化。

4. 实验内容

1) 层压

(1) 检查行程开关位置。

(2) 开启层压机，并按照工艺要求设定相应的工艺参数，升温至设定温度。

(3) 走一个空循环，全程监视真空度参数变化是否正常，确认层压机真空度达到规定要求。

(4) 试压，铺好一层纤维布，注意正反面和上下布，放置一块待层压组件。

(5) 取下流转单，检查电流、电压值，查看组件中电池片、汇流条是否有明显位移，是否有异物、破片等其他不良现象，若有，则退回上道工序。

(6) 如果一次层压 3 个组件，按图 4-21 所示先铺一张大四氟布，在 1、2、3 号位置铺三张小布，放上目检合格的组件，再铺 3 张小布，最后铺一张大布覆盖起来进料。

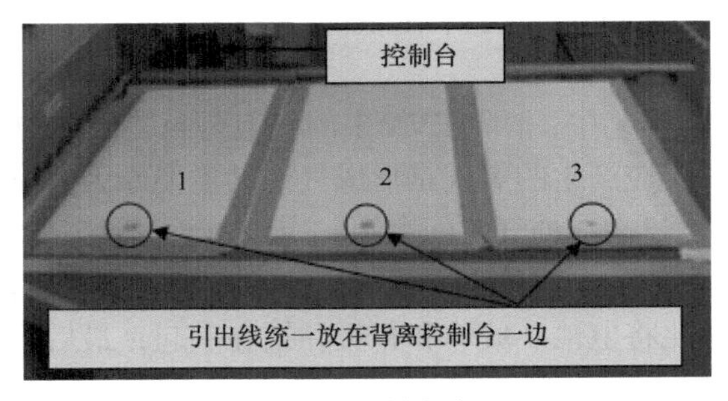

图 4-21　铺氟布

(7) 戴上手套从存放处搬运叠层完毕并检验合格的组件，在搬运过程中，手不得挤压电池片(防止破片)，要保持平稳(防止组件内电池片位移)。

(8) 将组件玻璃面向下、引出线向左，平稳放入层压机中部，然后盖一层纤维布(注意使纤维布正面向着组件)，进行层压操作。

(9) 观察层压工作时的相关参数(温度，真空度及上、下室状态)，尤其注意真空度是否正常，并将相关参数记录在流转单上。

(10) 待层压操作完成后，层压机上盖自动开启，取出组件(或自动输出)。

(11) 冷却后揭下纤维布，并清洗纤维布。

(12) 检查组件符合工艺质量要求并冷却到一定程度后，修边(玻璃面向下，刀具斜向约 45°，注意保持刀具锋利，防止拉伤背板边沿)，如图 4-22 所示。

图 4-22　修边

(13) 经检验合格后放到指定位置，若不合格，则隔离等待返工。

2) 固化

(1) 放入烤箱中固化：对快速固化型 EVA，设置烘箱温度为 135℃，待升到设置温度后，将层压好的电池放入并固化 15min。对常规固化型 EVA 设置烘箱温度为 145℃，待升到温度后，将层压的好的电池放入并固化 30min。

(2) 在层压机内直接固化：对快速固化型 EVA，层压机设置为 100～120℃，放入电池板，抽气 3～5min，加压 4～10min(层压的太阳能电池板较小，时间可以稍短些)，同时升温到 145～150℃，恒温固化 30min，层压机下室充气、上室抽气 30min，开盖取出组件冷却即可。对常规固化型 EVA，层压机设置为 100～120℃，放入电池板，抽气 3～5min，加压 4～10min(层压的太阳能电池板较小，时间可以稍短些)，同时升温到 135℃，恒温固化 15min，层压机下室充气、上室抽气 30min，开盖取出组件冷却即可。

5. 实验注意事项

太阳能电池层压工艺中，消除 EVA 中的气泡是封装成败的关键，层叠时进入的空气与 EVA 交联反应产生的氧气是形成气泡的主要原因。当层压的组件中出现气泡，说明工作温度过高或抽气时间太短，应该重新设置工作温度和抽气、层压时间。层压是将敷设好的电池放入层压机内，通过抽真空将组件内的空气抽出，然后加热使 EVA 熔化将电池、玻璃和背板黏结在一起；最后冷却取出组件。

6. 数据处理

自行记录层压情况。

7. 思考题

(1) 如何判定 EVA 交联度合格？原理是什么？

(2) 固化完成的标准是什么？

(3) 固化的两种方法，哪一种速度更快、更常用？

实验 4.2.9　组件装框、清洗、安装接线盒

1. 实验目的

(1) 了解并掌握层压固化后的组件的装框和清洗方法。

(2) 了解并掌握二极管的安装方法。

2. 实验设备

层压固化后的组件、铝合金边框、接线盒、二极管等。

3. 实验原理

1) 组件装框

光伏装框机是组件层压完毕以后，实现组件的铝合金边框挤压定位，然后使用液压或气压动力将铝合金边框固定的设备。组件装框机如图 4-23 所示，装有万向滚轮，可以保证组件在各个方向的自由且保护组件的表面，操作灵活方便。组件装框机由双向固定端及双向活动端组成，可以在较宽范围内适应组件装框作业需要，另外还可以满足一些非标准组件进行装框的工作需求。

装框机可以将组件层压完毕后的组件用铝合金边框固定，简化了人工的作业难度，保证了产品的质量。组框的外形尺寸在设定的范围内通过锁紧齿条定位，任意调整尺寸，并通过可调气缸进行精度微调，可满足用于不同组框尺寸的要求。

图 4-23　组件装框机

给玻璃组件装铝合金边框，增加组件的强度，进一步密封电池组件，延长电池的使用寿命。边框和玻璃组件的缝隙用硅酮树脂填充，各边框间用角键连接，如图 4-24 所示。

2) 安装接线盒

接线盒和二极管安装是将装框后电池的引线接入接线盒，最后将电池与其他器件(如旁路二极管等)装配在一起，并在各器件之间通过接线盒和导线连接起来，最终形成一个能够对太阳能进行收集、存储及输出的装置。

常规型的接线盒基本由以下几部分构成：底座、导电块、二极管、卡接口/焊接点、密封圈、上盖、后罩及配件、连接器、电缆线等，如图 4-25 所示。

图 4-24 光伏组件的铝合金边框

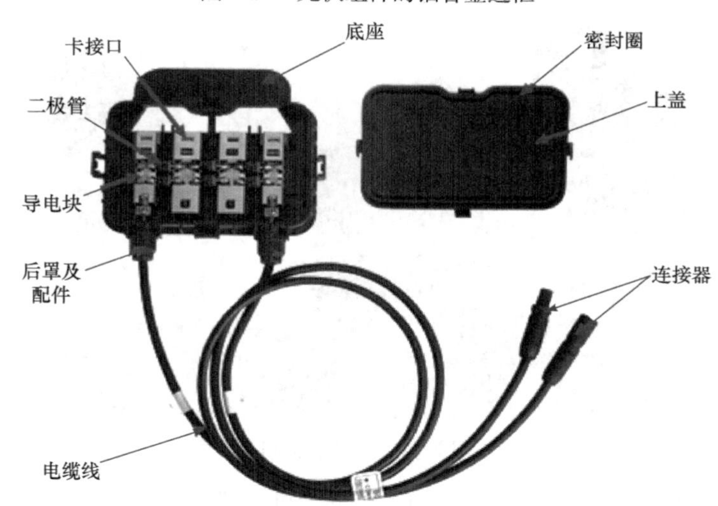

图 4-25 卡接式接线盒基本构造

由于接线盒对于组件的重要性，其要具备以下几点性能要求。

(1) 满足室外恶劣环境条件下的使用要求。

(2) 外壳有强烈的抗老化、耐紫外线能力。

(3) 优秀的散热模式和合理的内腔容积来有效降低内部温度，以满足电气安全要求。

(4) 良好的防水、防尘保护，为用户提供安全的连接方案。

(5) 较低的体电阻，以尽可能地减小接线盒带来的功率损耗。

3) 组件清洗

组件清洗是对安装好接线盒的光伏组件进行清理、补胶和清洁，保持光伏组件外观干净整洁。

光伏玻璃清洗机也可以称作太阳能玻璃清洗机，是专为太阳能电池板行业设计、制造的一种玻璃清洗机。玻璃清洗机可以对玻璃表面进行清洁、干燥处理，主要由传动系统、刷洗、清水冲洗、纯水冲洗、冷热风干、电控系统等组成。根据用户需要，中大型玻璃清洗机还配有手动(气动)玻璃翻转小车和检验光源等系统，如图 4-26 所示。

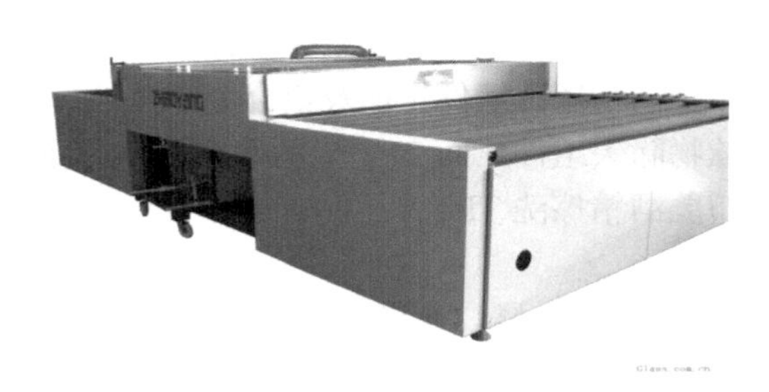

图 4-26　玻璃清洗机

4. 实验内容

1) 组件装框

(1) 在铝合金边框凹槽中均匀地涂上硅胶，厚度为 2～4mm，室温固化 10min 以后使用。

(2) 将组件嵌入铝合金凹槽中。

(3) 用电动螺丝刀将不锈钢自攻螺丝拧入铝合金边框安装孔。

(4) 在组件背面 TPT 与铝合金边框交界处均匀地涂上硅胶，在室温下进行固化。

(5) 装框完成后要求：装框安装平整、方正、挺直。扁料装在组件正、负极引出线一端。铝合金边框连接处缝隙应小于 0.2mm。铝合金氧化膜表面美观，无划痕。安装好铝合金边框的组件外框对角线误差在 30Wp(Wp 为峰值功率)及 30Wp 以下，应≤1.5mm；30Wp 以上，应≤3mm。

(6) 符合要求，做好相关记录并流入下道工序。

2) 安装接线盒

(1) 准备好相应规格的接线盒，在接线盒底部四周安装处涂上硅胶。

(2) 将组件正、负极引线穿过接线盒引线孔，将接线盒粘在 TPT 上。

(3) 保持接线盒与铝合金边框的距离一致。

(4) 用电烙铁对焊接片进行搪锡。搪锡后，焊接片锡面应呈弧状、表面光滑透亮，焊锡高度为 2mm。

(5) 将组件正负极引线焊在搪过的焊接片上，使之达到焊接要求。

(6) 焊接二极管：二极管两端引线头部搪锡，将搪好锡的二极管的正极焊在组件引线的负极上，将搪好锡的二极管的负极焊在组件引线的正极上。

(7) 在组件接线盒底部边缘处均匀地涂上一层硅胶。

(8) 室温固化 45min 以上。

(9) 盖上盒盖，拧紧盒盖螺丝。

(10) 安装新型接线盒时，检查二极管及接插件连接是否正确、牢固，并使用专用工具将引线接好。

3) 组件清洗

(1) 用工具刮去组件正面粘留的 EVA 及硅胶。

(2) 用干净的布蘸酒精擦洗组件正面及铝合金外框。

(3) 用橡皮等软物除去组件反面 TPT 上的残余 EVA 及硅胶。

(4) 用干净的布蘸酒精擦洗 TPT。

5. 实验注意事项

(1) 小心操作，不可用力过猛，以免损坏组件。

(2) 已涂胶的铝合金边框必须在当天用完。

(3) 组件背面涂胶后应在第二天清洗，以保证黏结牢固。

(4) 打胶时保持边框和组件干净，打胶要均匀、光滑。

(5) 接线盒与 TPT 之间必须用硅胶完全密封，涂胶应均匀、平滑。组件正、负极引线以及二极管应焊接牢固、规范。

(6) 清理背面 TPT 时，绝对不能用硬物。注意轻拿轻放，组件叠放时不能用一块组件的边缘撞击另一块组件。

6. 数据处理

自行记录处理情况。

7. 思考题

(1) 二极管的作用是什么？

(2) 如何判断二极管是否连接正确、牢固？

4.3 滴胶组件封装实验

1. 实验目的

(1) 了解滴胶组件的工艺原理。

(2) 掌握滴胶组件的生产工序。

2. 实验设备

激光划片机、点胶机、焊烙铁、真空烤箱、焊带、PCB 等。

3. 实验原理

太阳能滴胶小组件是太阳能电池板的一种，因尺寸较小，一般不采用类似太阳能光伏组件那样的封装方式，而是用环氧树脂覆盖太阳能电池片，与 PCB 线路板黏结而成，具有生产速度快、抗压耐腐蚀、外观晶莹漂亮、成本低等特点。

滴胶组件一般是小功率的组件，用于太阳能小功率产品，如太阳能草坪灯、太阳能墙壁灯、太阳能工艺品、太阳能玩具、太阳能收音机、太阳能手电筒、太阳能手机充电器、太阳能小水泵、太阳能家用/办公用电源及便携式移动电源系统等。

滴胶小组件的封装工艺流程包括：分选切割—装配(切割的小硅片焊接、排片串联)—检测—滴胶—抽真空—烘烤(抽真空加热固化)—抽检—覆膜—包装。

4. 实验内容

(1) 根据客户需求选择单晶电池片如图 4-27 所示、多晶电池片如图 4-28 所示。

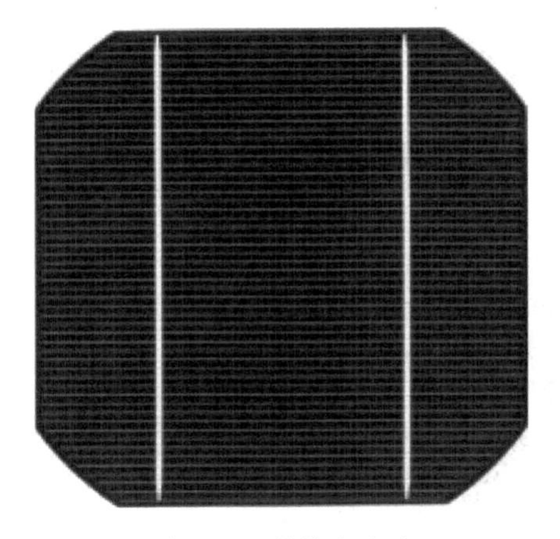

图 4-27　单晶电池片

图 4-28　多晶电池片

(2) 按照要求的电压和电流，将电池片切割成相应的尺寸：一般情况下，一片太阳能电池片的开路电压是 0.5～0.6V；滴胶板的电压=小片电池片数量×0.6V；滴胶板的电流与小片电池片的面积成正比，激光划片时需要注意激光器的设置功率、频率以及划片速度，划片深度保持在 1/2～2/3，不能切穿，如图 4-29 所示。

(3) 电池片焊接，用多条薄的焊带做搭桥，将划好的电池片一片一片地串联起来，如图 4-30 所示。

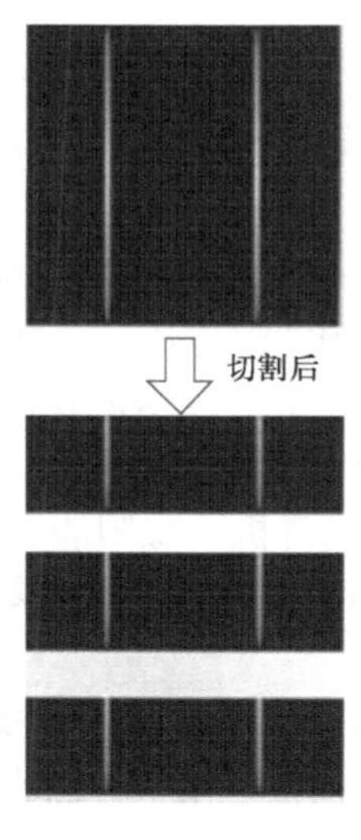

图 4-29　电池片切割

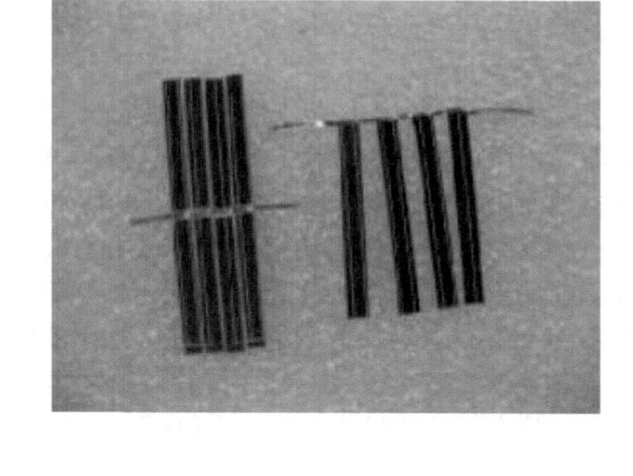

图 4-30　串联焊接

焊带在焊接之前，须在助焊剂中浸泡一段时间，晾干后使用；焊接烙铁须使用恒温烙铁，焊接的时候要既快又准。

(4) 粘贴固定。在滴胶底板上粘上双面胶，将焊接好的电池片粘贴上去，如图 4-31 所示。焊带从滴胶底板的小孔穿到背面，焊接到焊盘上。

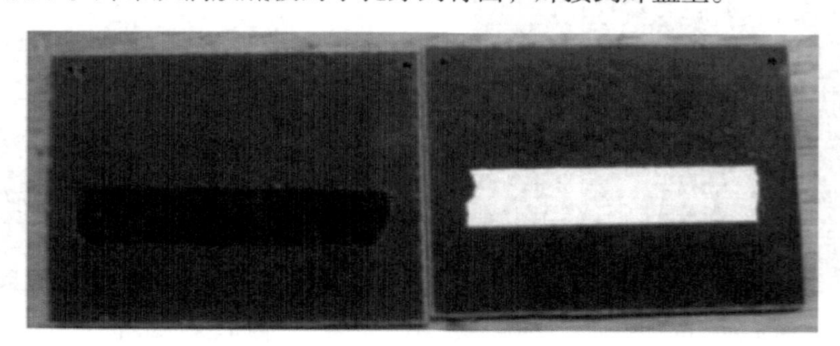

图 4-31　粘贴固定

(5) 焊接好后需要进行检查，把滴胶板半成品放在检测台上，通过碘钨灯的照射，初步测量出电流和电压值。

(6) 把检测合格的滴胶半成品安放在滴胶台上，按质量比取 A 胶、B 胶。混合 A、B 组分搅拌均匀。将调和好的胶注入滴胶瓶，再由滴胶瓶向贴片板正面注入胶，用工具使贴片板上的胶分布均匀。

(7) 把灌好胶的电池组件进行真空处理，如图 4-32 所示，使胶水与底板完全贴合并且没有气泡，抽真空时间大概是 5min。

(a) 抽真空机　(b) 产品抽真空

图 4-32　真空处理

(8) 将真空处理好的滴胶板放入烘箱，加温 60℃左右使胶水固化，时间大概是 2h，需要根据胶水的性能确定。

(9) 成品检验，为了确保高温烘烤后没有造成电池的短路或者损坏，需要再次测试滴胶板的电流和电压。

(10) 去除滴胶板背面多余的胶水，然后覆膜。

(11) 打包装箱，封装后使滴胶板透光率高、密封性好、外形美观、使用寿命长、胶体与硅晶板之间紧密结合。

5. 数据处理

自行记录实验结果。

6. 思考题

(1) 滴胶组件的优点有哪些？

(2) 试写出滴胶组件有哪些应用。

第 5 章　光伏发电与控制实验

5.1　光伏发电特点

光伏发电方式是利用光电效应，将太阳辐射能直接转换成电能，光-电转换的基本装置就是太阳能电池。当许多个电池串联或并联起来就可以成为有比较大的输出功率的太阳能光伏组件，进而组建成为太阳能光伏发电系统。

与现有的主要发电方式相比较，光伏发电系统的特点有：工作点变化较快，这是由于光伏发电系统受光照、温度等外界环境因素的影响很大，输入侧的一次能源功率不能主动在技术范围内进行调控，只能被动跟踪当时光照条件下的最大功率点，争取实现发电系统的最大输出；光伏发电系统的输出为直流电，需要将直流电优质地逆变为工频交流电才能带动交流负荷。

5.2　PVSYST 软件仿真模拟实验

1. 实验目的

了解 PVSYST 仿真软件的使用方法。

2. 实验设备

PVSYST 软件。

3. 实验原理

PVSYST 是一款光伏系统设计辅助软件，用于指导光伏系统设计以及对光伏系统进行发电量的模拟计算。主要功能如下。

(1) 设定光伏系统种类：如并网型、独立型、光伏水泵等。

(2) 设定光伏组件的排布参数：固定方式、光伏方阵倾斜角、行距、方位角等。

(3) 架构建筑物对光伏系统遮阴影响评估、计算遮阴时间及遮阴比例。

(4) 模拟不同类型光伏系统的发电量及系统发电效率。

(5) 研究光伏系统的环境参数。

本次实验以北京为例。

4. 实验内容

(1) 获取设计所需相关信息，如图 5-1 所示。

① 系统安装位置：查询经纬度。

② 应用类型：离网/并网。

③ 荷载情况：荷载的功率和使用时间。

④ 环境条件：持续阴天数/遮阳情况。

⑤ 输出类型：交流/直流、电压、频率。

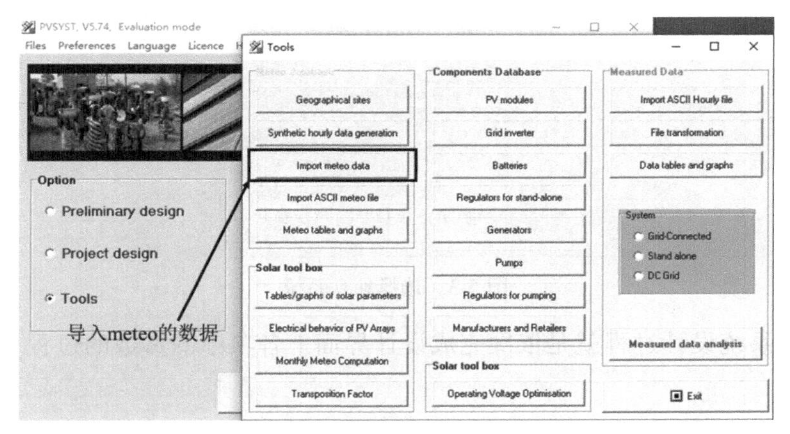

图 5-1　获取设计所需相关信息

(2) 打开 PVSYST 软件，导入北京的气象数据，如图 5-2 所示。

图 5-2　导入北京的气象数据(一)

(3) 系统设计，选择独立系统，如图 5-3 所示。

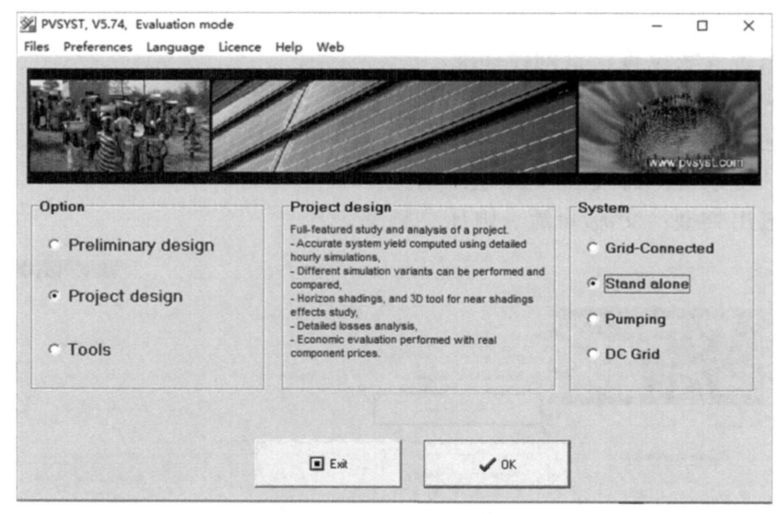

图 5-3 选择独立系统

(4) 系统设计过程就是依次完成设计界面上各项中的参数的过程，如图 5-4 所示。

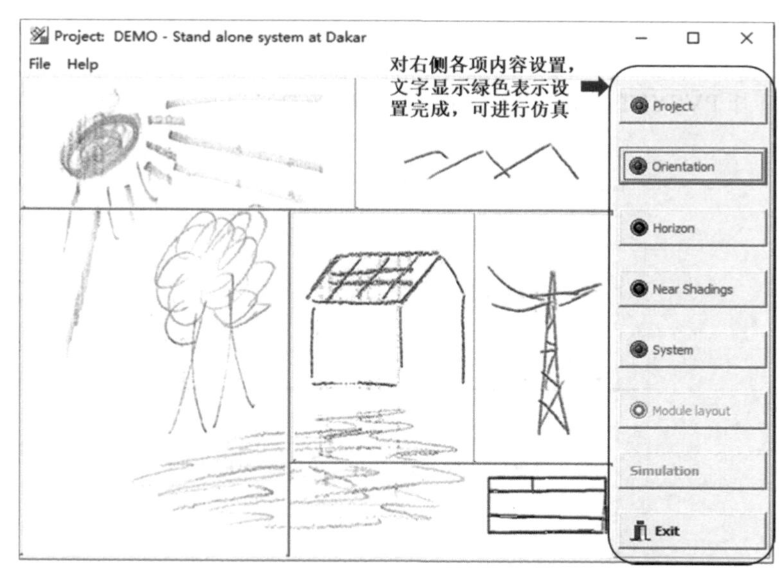

图 5-4 设计各项参数

(5) 以北京为例，导入北京的气象数据，如图 5-5 所示。

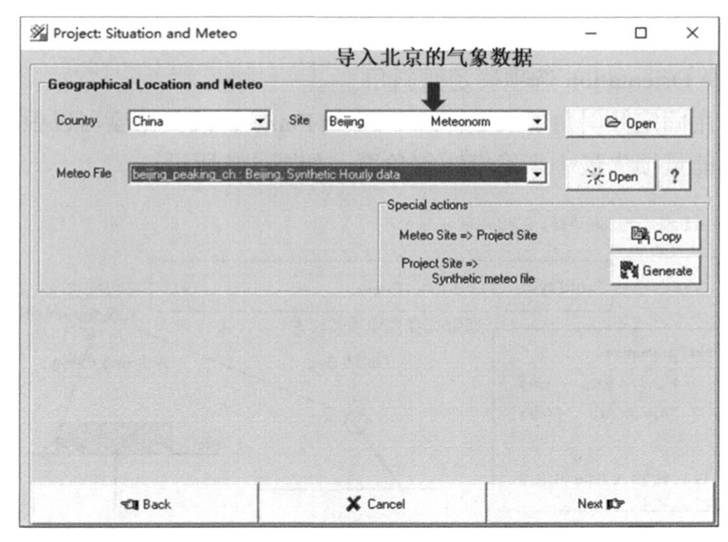

图 5-5　导入北京的气象数据(二)

如果 PVSYST 中没有安装地的信息，可采用以下方式：

① 利用 Google Earth 找到安装地点的经纬度。

② 利用 Meteonorm6.0 软件计算该地点十年的气象参数,并保存为*.dat 文件。

③ 将该文件保存到 PVSYST 子目录的 Meteo 文件夹中。

④ 选中 PVSYST 主界面的 Tools 选项，然后按图 5-1 所示步骤导入数据。

⑤ 完成数据导入后，重新从步骤(3)开始进行设计。

(6) 选择好安装点信息后，对其他数据进行设定，如图 5-6 所示。

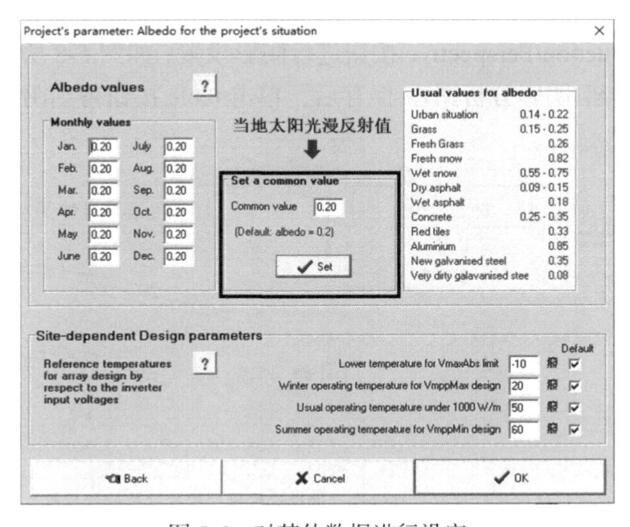

图 5-6　对其他数据进行设定

当地太阳光漫反射数值一般选择 0.20。

(7) 选择 Orientation 选项确定倾斜角。

一般采用固定倾斜角度安装(Fixed Tilted Plane)，倾斜角度可以根据设计要求选择或选择能量损失最小来确定倾斜角度，如图 5-7 所示。

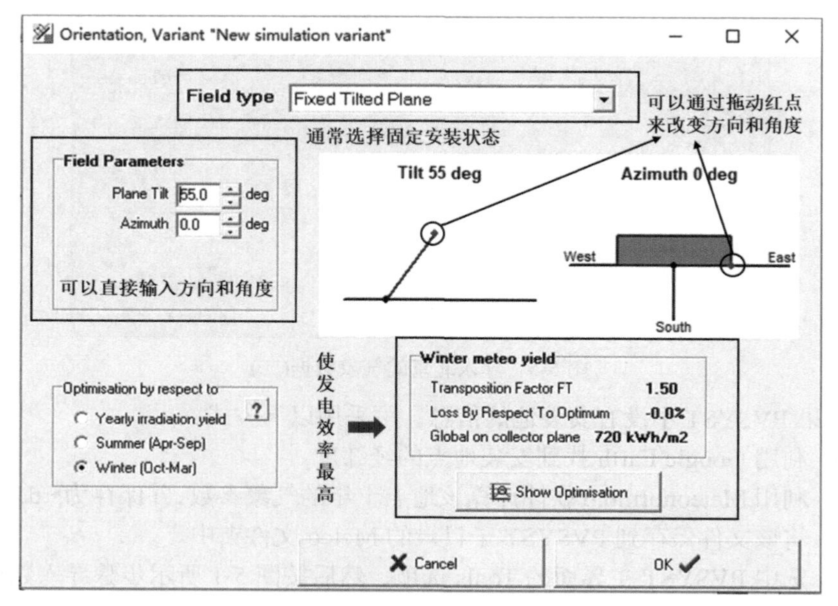

图 5-7　选择倾斜角

(8) 需要考虑阴影时，选择 Near Shadings 选项来设定阴影情况。

单击 Construction/Perspective 按钮进行阴影设置，如图 5-8 所示，对建立好的模型进行阴影分析(阴影分析图)，保存后，单击 table 按钮得到阴影分析表。

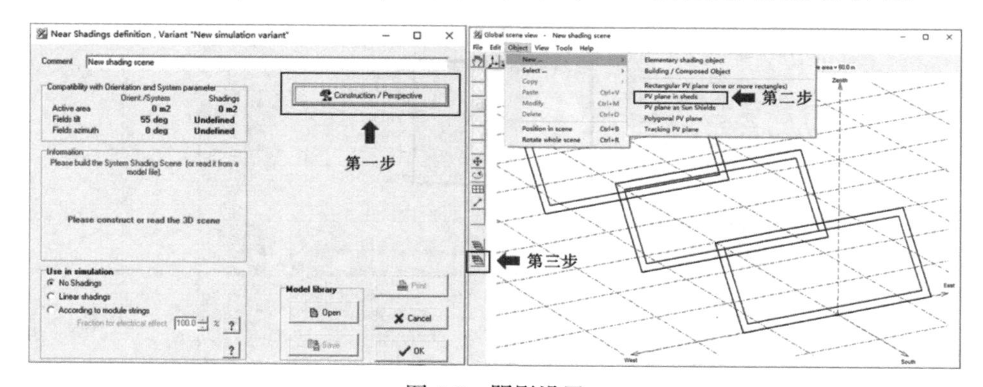

图 5-8　阴影设置

(9) 选择 System 选项进入荷载参数设置界面，如图 5-9 所示，电池和组件设置如图 5-10 所示。

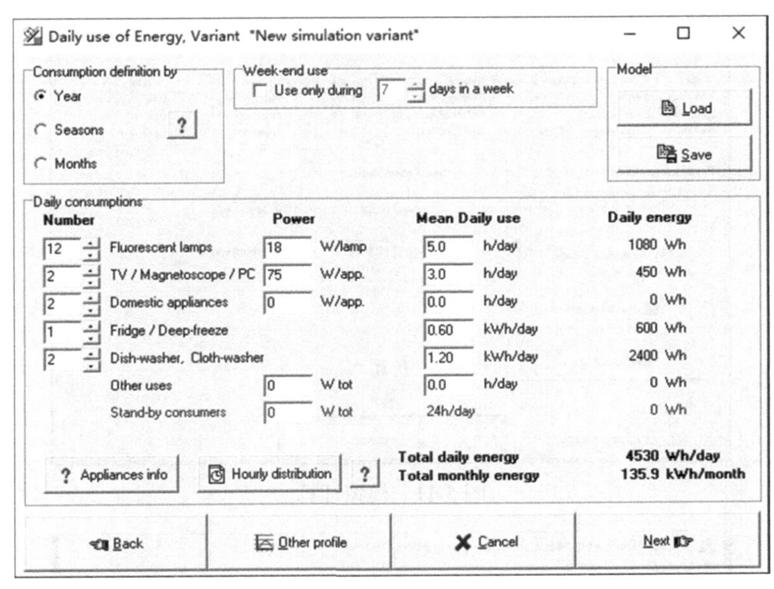

图 5-9　荷载参数设置

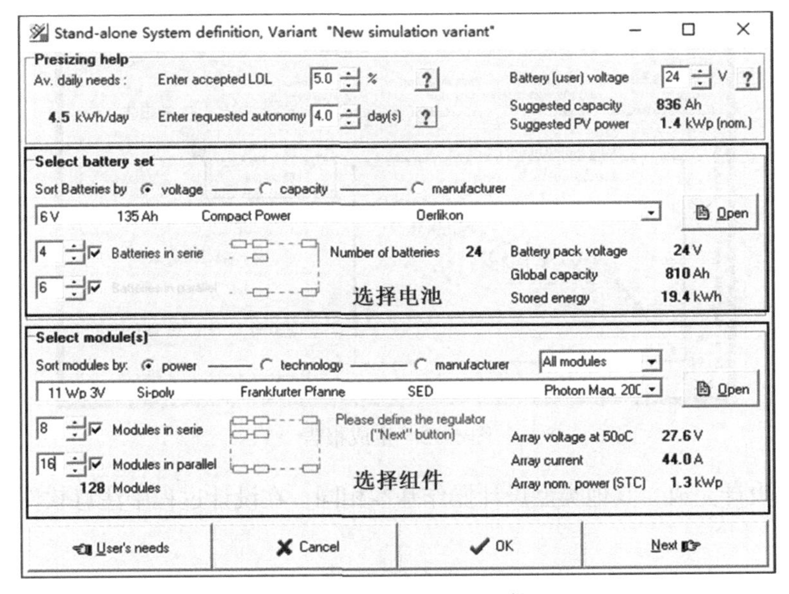

图 5-10　选择电池和组件

(10) 选择 Simulation 选项进行模拟计算，如图 5-11 所示。进行模拟计算并通过单击 Report 按钮得到模拟计算报告，保存报告，如图 5-12 所示。

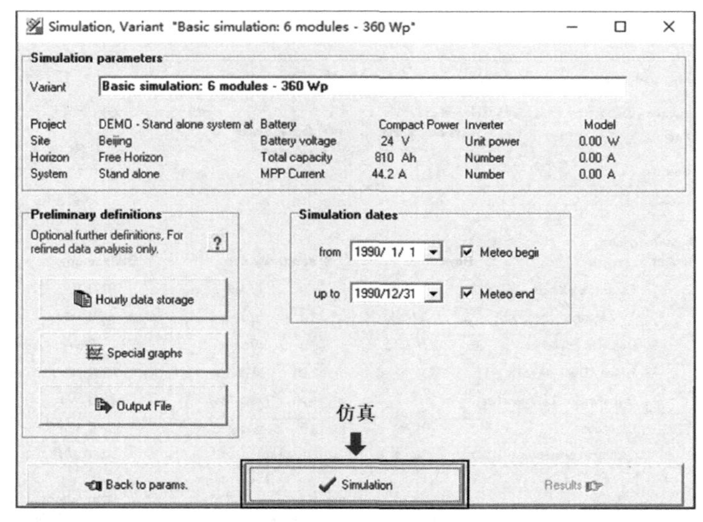

图 5-11　模拟计算

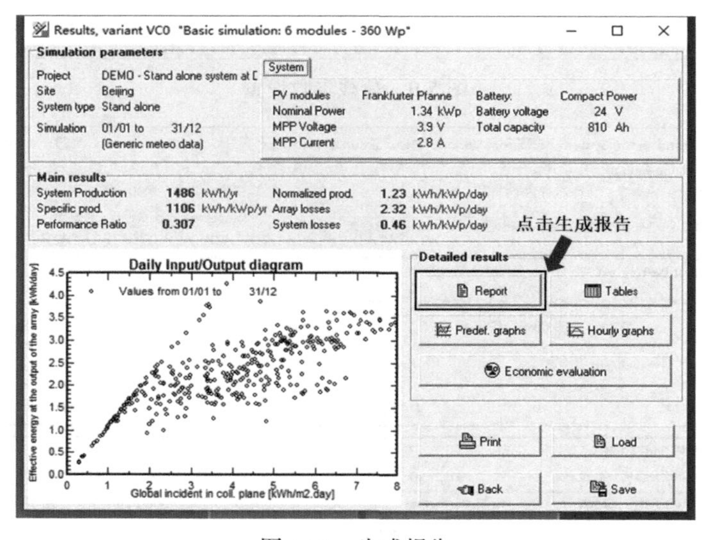

图 5-12　生成报告

(11) 设计完成，其他类型设计操作基本相同，在设计过程中注意软件界面中的提示。

说明：软件不同版本的界面可能有所不同。

5. 思考题

仿真时要注意哪些问题？

5.3　基于 HSNE-S01-B 型平台的光伏系统实验

HSNE-S01-B 型平台是上海寰晟新能源科技有限公司开发的一款基本型太阳能光伏发电教学实验平台，平台的面板组成如图 5-13 所示。

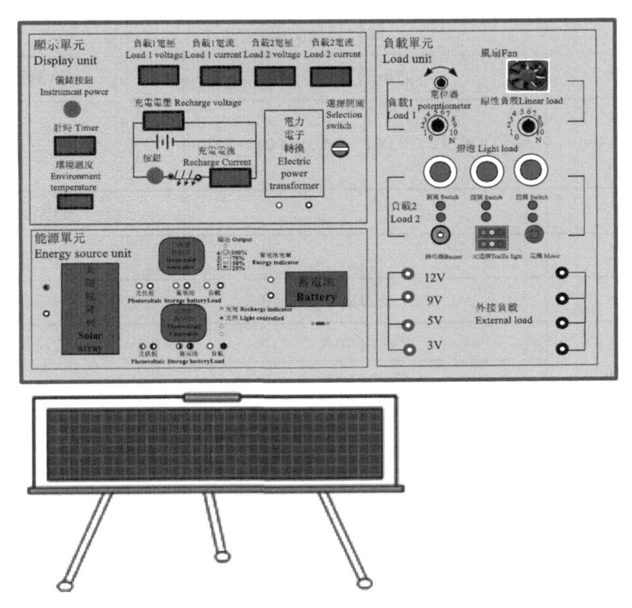

图 5-13　HSNE-S01-B 型平台面板功能

整套设备包括操作控制箱、太阳能阵列、光伏板支架、实验导线，所有仪表和控制器供电均由自身提供，不需要外接电源，光伏发电包含的光电转化、电能储存和输出控制、电力电子转换等过程都能够清晰地在平台上进行实验演示，平台组件参数与功能表如表 5-1 所示。

表 5-1　平台组件一览表

组件名称	技术性能参数	功能说明
能量转换与存储单元		
太阳能阵列 (单晶硅)	1kW/m²，25℃ V_{oc}=21.1V，I_{sc}=1.34A V_{mp}=17.1V，I_{mp}=1.2A	光电能量转换
光伏板支架	迎光角度 30°～70°	调整光伏板迎光角度
铅酸蓄电池	13.6～13.8V，12V，3.3A · H	电能存储

续表

<table>
<tr><th>组件名称</th><th>技术性能参数</th><th>功能说明</th></tr>
<tr><td colspan="3">控制单元</td></tr>
<tr><td>光伏型控制器</td><td rowspan="2">过充电压：14.5V
过放电压：11.5V</td><td rowspan="2">充放电控制
输出控制</td></tr>
<tr><td>户用型控制器</td></tr>
<tr><td colspan="3">检测与显示单元</td></tr>
<tr><td>温度检测与显示</td><td>-20～100℃</td><td>检测环境温度</td></tr>
<tr><td>电流检测与显示</td><td rowspan="2">供电 DC 9V，0.001～2A，0.001～50V</td><td rowspan="2">电工参数检测</td></tr>
<tr><td>电压检测与显示</td></tr>
<tr><td>电量检测与指示</td><td></td><td>蓄电池电量显示</td></tr>
<tr><td>时间计时与显示</td><td></td><td>光照时间计时</td></tr>
<tr><td colspan="3">电力电子转换单元</td></tr>
<tr><td rowspan="3">DC/DC 电源模块</td><td>9V/500mA</td><td rowspan="3">仪表供电
负载供电</td></tr>
<tr><td>5V/500mA</td></tr>
<tr><td>3V/500mA</td></tr>
<tr><td colspan="3">实验负载单元</td></tr>
<tr><td>风扇、线性负载</td><td>0～99.9Ω，12V，0.65A</td><td>直接实验负载</td></tr>
<tr><td>LED 灯、交通灯</td><td rowspan="2">12V，0.25A</td><td rowspan="2">阻性、感性负载</td></tr>
<tr><td>蜂鸣器、电机</td></tr>
<tr><td>9V 通用直流电源</td><td>9V，0.5A</td><td rowspan="3">外接负载</td></tr>
<tr><td>5V 手机充电电源</td><td>5V，0.5A</td></tr>
<tr><td>3V 玩具小车电源</td><td>3V，0.7A</td></tr>
</table>

实验 5.3.1　光伏系统主要参数测量

1. 实验目的

(1) 掌握光伏发电系统原理，即光伏转换原理。

(2) 测量光伏发电系统的开路电压、短路电流、工作电压、工作电流、输出功率。

(3) 了解光伏发电系统的结构组成。

2. 实验设备

太阳能光伏发电教学实验平台。

3. 实验内容

(1) 仔细观察教学平台的结构组成，结合光伏发电系统原理，理解光伏转换原理。

(2) 结合教材，仔细观察教学平台上的太阳能电池板，画出其电池串、并联原理图和阵列结构图。

(3) 在不同光强的环境下，测量太阳能电池板的开路电压，如图 5-14 所示。

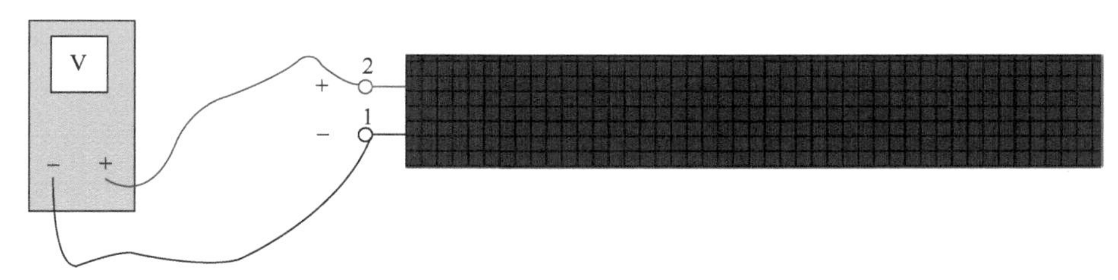

图 5-14　测量太阳能电池板的开路电压

(4) 在不同光强的环境下，给太阳能电池板接入一个 1kΩ的电阻，测量太阳能电池板的工作电压，如图 5-15 所示。

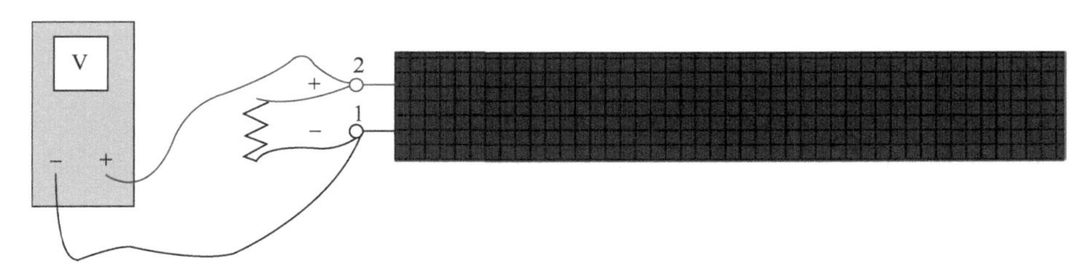

图 5-15　测量太阳能电池板的工作电压

(5) 在不同光强的环境下，测量太阳能电池板的短路电流，如图 5-16 所示。

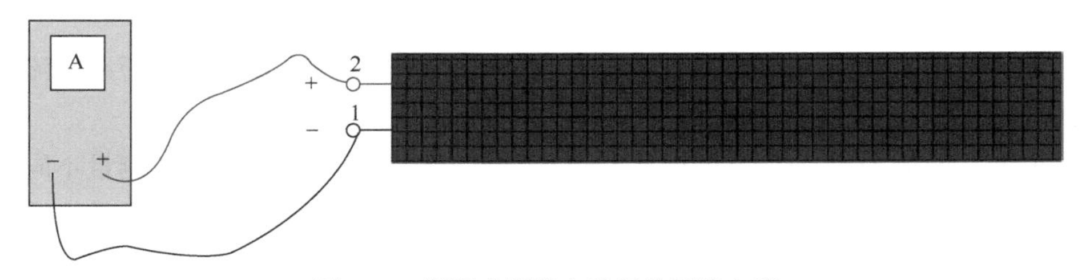

图 5-16　测量太阳能电池板的短路电流

(6) 在不同光强的环境下，给太阳能电池板接入一个 1kΩ的电阻，测量太阳能电池板的工作电流，并计算输出功率，如图 5-17 所示。

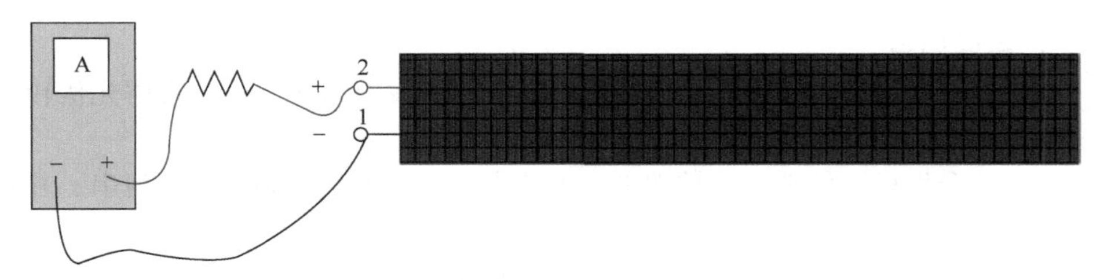

图 5-17　测量太阳能电池板的工作电流

4. 数据处理

自行记录实验结果。

5. 思考题

(1) 比较不同类型的太阳能电池的特性。

(2) 了解不同类型太阳能光伏发电系统的特点。

(3) 谈谈太阳能电池板开路电压、短路电流、工作电压、工作电流、输出功率等概念的含义以及相互之间的关系。

实验 5.3.2　环境对光伏发电系统的影响

1. 实验目的

(1) 了解影响光伏发电系统的环境因素。

(2) 掌握太阳能板日照角度对光伏转换的影响。

(3) 掌握光强对光伏转换的影响。

(4) 掌握温度对光伏转换的影响。

2. 实验设备

太阳能光伏发电教学实验平台。

3. 实验内容

(1) 按图 5-18 所示，测量太阳能电池板的开路电压、工作电压、短路电流、工作电流，并计算输出功率。

(2) 参照如图 5-18 所示的电流和电压测量方法，按图 5-19 所示，测量不同日照角的太阳能电池板的开路电压、工作电压、短路电流、工作电流，并计算输出功率。

(3) 参照如图 5-18 所示的电流和电压测量方法，按图 5-20 所示，测量不同光强的太阳能电池板的开路电压、工作电压、短路电流、工作电流，并计算输出功率。

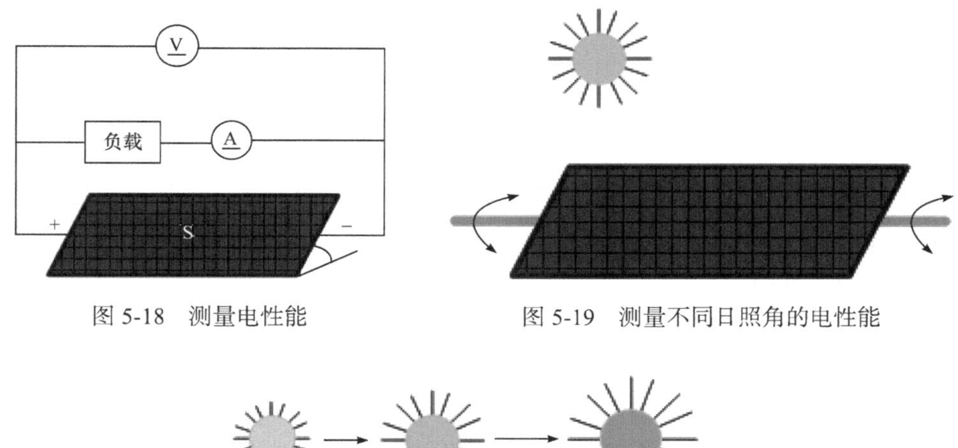

图 5-18　测量电性能　　　图 5-19　测量不同日照角的电性能

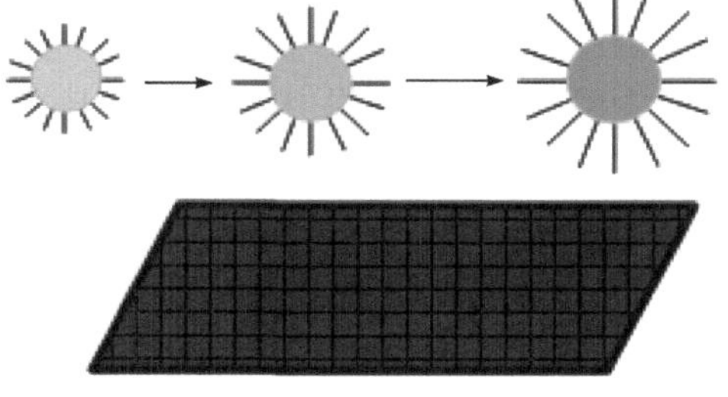

图 5-20　测量不同光强的电性能

(4) 参照如图 5-18 所示的电流和电压测量方法，按图 5-21 所示，测量不同温度的太阳能电池板的开路电压、工作电压、短路电流、工作电流，并计算输出功率。

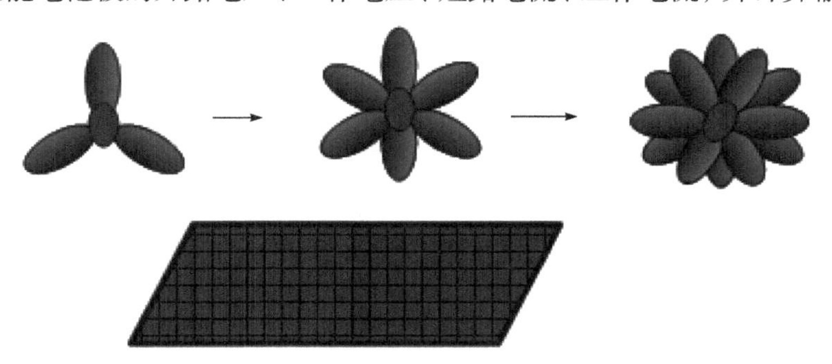

图 5-21　测量不同温度的电性能

(5) 讨论日照角、光强和温度对太阳能电池板输出的影响，每组实验测量五种情况下的电流、电压值。

(6) 针对不同的日照角，逐点绘制出太阳能电池板的电流-电压特性曲线。

(7) 根据上述实验数据，找出本地的最佳日照角度。

(8) 将太阳能电池板置于最佳日照角度，以当地晴朗度最好的日照情况为标准条件(1000W/m^2，25℃)，估计当日晴朗度，计算太阳能板的光伏转换效率。可按如下公式计算：

$$\eta = \frac{UI}{1000S\beta} \tag{5-1}$$

其中，β 为所估计当日晴朗度系数，$\beta = 0.1, 0.2, \cdots, 1.0$；$S$ 为太阳能电池板的有效光照面积(m^2)。

4. 数据处理

自行记录实验结果。

5. 思考题

(1) 日照角、光强和温度对太阳能输出电流-电压曲线的影响。

(2) 太阳能光伏发电中的寻日装置的作用和原理，基本的设计思路是什么？

(3) 光伏转换效率的概念和计算方法。

实验 5.3.3 光伏系统直接连接负载实验

1. 实验目的

(1) 掌握太阳能电池直接连接负载的方法。

(2) 了解太阳能电池光伏系统直接连接负载法的优缺点以及该方法的应用前景。

2. 实验设备

太阳能光伏发电教学实验平台、风扇。

3. 实验内容

(1) 按图 5-22 完成直接连接负载实验的接线。

(2) 在室内环境中，将实验选择开关旋至“直接负载实验”端，接通电位器和风扇，同时按下仪表供电按钮；调节电位器，观察风扇的转动和直接负载电压表、电流表数值的变化。

(3) 将太阳能板拆下，移至室外，将选择开关旋至“直接负载实验”端，接通电位器和风扇，同时按下仪表供电按钮；调节电位器，观察风扇的转动和直接负载电压表、电流表数值的变化。

(4) 依次实验风扇转、停、快、慢各阶段，估计风扇转动快慢交界点的阻值，并观察相应的电压、电流值。

(5) 考虑电位器的作用，解释室内、室外风扇各转动状态的产生原因。

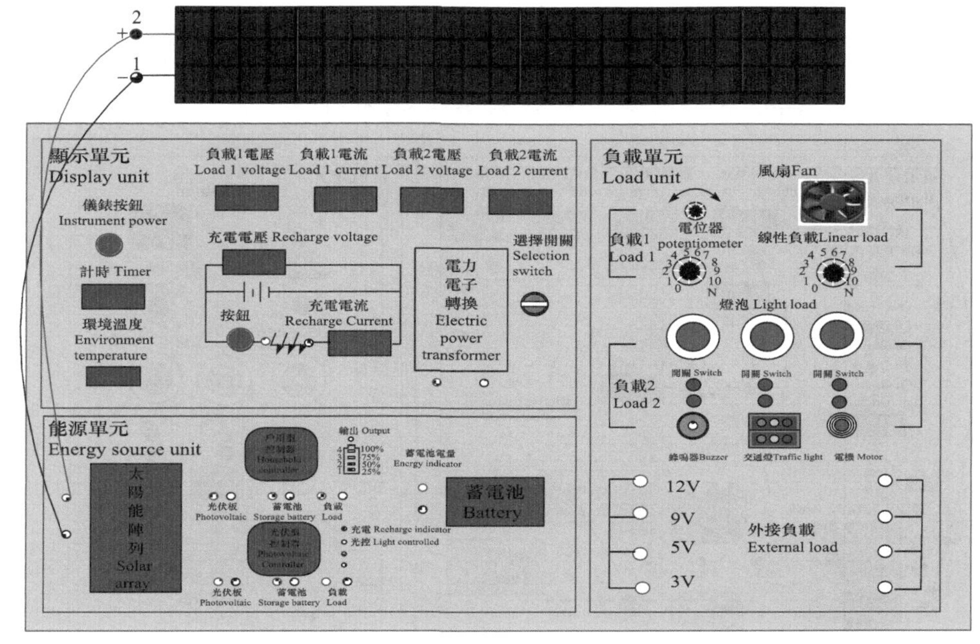

图 5-22　直接连接负载

4. 思考题

(1) 如果电位器调至最大，风扇仍不能停止转动，讨论其原因，并采用合理方式使之停转。

(2) 总结出太阳能直接连接负载法的优缺点，了解直接连接负载法在实际中的应用。

实验 5.3.4　光伏系统接直流负载实验

1. 实验目的

(1) 掌握移动设备能源供给方法。

(2) 掌握利用光伏系统给移动设备供电的方法。

2. 实验设备

太阳能光伏发电教学实验平台、收音机、小车等。

3. 实验内容

(1) 用光伏型实验方法接通电路，如图 5-23 所示。

(2) 在 DC/DC 的 3V 输出上接入收音机负载，进行实验，观察性能。

(3) 在 DC/DC 的 3V 输出上接入小车进行实验，观察性能。

(4) 在 DC/DC 的 5V 输出上接入手机进行充电实验。

(5) 画出 DC/DC 的原理图。

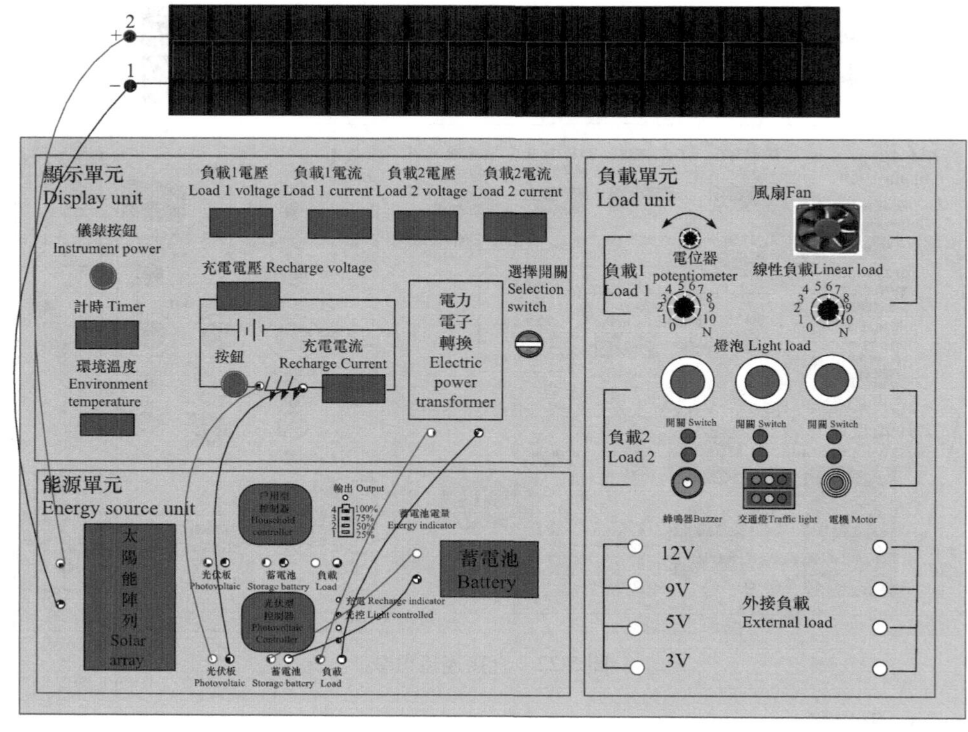

图 5-23　光伏型实验方法接通电路

4. 思考题

(1) 请谈谈本次实验的心得体会?

(2) 设想未来有哪些移动设备便于使用太阳能?

实验 5.3.5　光伏型控制器工作原理实验

1. 实验目的

(1) 了解光伏型控制器在光伏系统中的作用。

(2) 熟悉光伏型控制器的结构组成和原理。

(3) 掌握光伏型系统的结构组成、工作原理和应用方法。

2. 实验设备

太阳能光伏发电教学实验平台。

3. 实验内容

(1) 仔细阅读光伏控制的内容，了解其原理。

(2) 画出实验中使用的光伏型控制器基本电路原理图。

(3) 将实验选择开关旋至“带蓄电池实验”端，然后按照图 5-24 所示顺序做好接线，搭建实验电路，并画出光伏系统接线图。

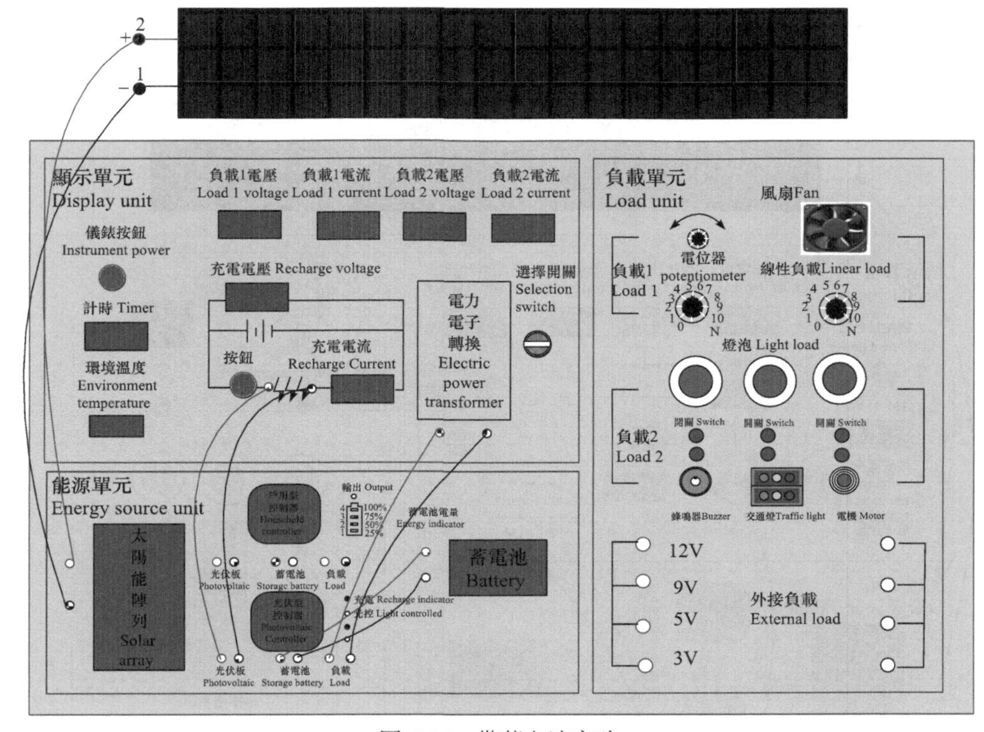

图 5-24　带蓄电池实验

(4) 在室外光强较强的环境，光伏型控制器的充电指示灯会亮起；接通负载，按下仪表供电按钮，观察充电电压表和充电电流表、负载电压表和负载电流表的数值变化。

(5) 在室内光强较弱的环境，光伏型控制器的光控指示灯会亮起；接通负载，按下仪表供电按钮，观察充电电压表和充电电流表、负载电压表和负载电流表的数值变化。

(6) 按照光伏型控制器实验，确定太阳能板和蓄电池的功率匹配选型原则。

4. 思考题

(1) 讨论太阳能电池板和蓄电池的功率匹配原则。

(2) 讨论光伏控制型太阳能系统在实际中的应用前景。

实验 5.3.6　光伏型控制器充放电保护实验

1. 实验目的

(1) 掌握光伏型控制器充放电保护原理。

(2) 了解铅酸蓄电池工作原理和充放电特性。

2. 实验设备

太阳能光伏发电教学实验平台。

3. 实验内容

(1) 按照图 5-25 所示顺序做好接线，搭建实验电路。

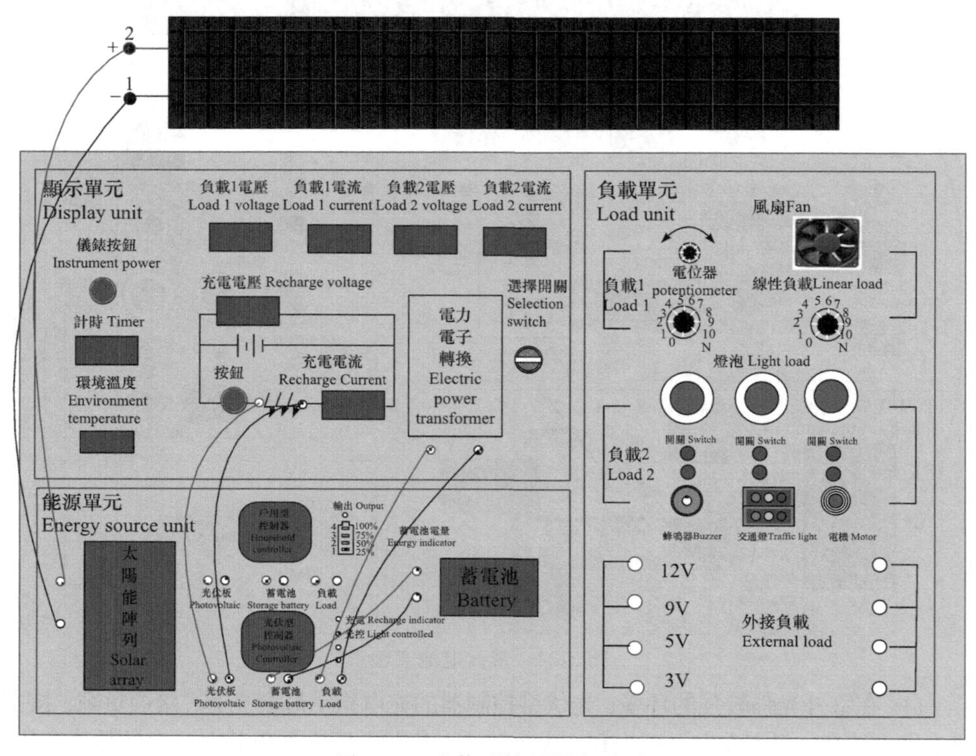

图 5-25　光伏型控制器实验图

(2) 将本教学平台放置在室内等光强较弱的地方，使得光控指示灯亮起；转动负载选择开关，选择负载 2；按下仪表供电按钮，观察记录负载电压表、负载电流表的数值，并同时用万用表测量蓄电池两端的电压(大约每 30min 一次)，直到蓄电池过放保护发生(过放指示灯亮起)，记录下过放保护时蓄电池电压和达到过放的时间。

(3) 将本教学平台移至室外等光强较强的地方，转动负载选择开关，打到垂直状态，使得充电指示灯亮起；按下仪表供电按钮，观察记录充电电压表、充电电流表的数值，并同时用万用表测量蓄电池两端的电压(大约每 30min 一次)，直到蓄电池过充保护发生(过充指示灯亮起)，记录下过充保护时蓄电池电压和达到过充的时间。

(4) 画出过充、过放时系统的等效电路。

(5) 设计出光伏型控制器的温度补偿原则。

4. 思考题

(1) 讨论光伏型控制器充放电保护特性。

(2) 讨论铅酸蓄电池充放电特性。

(3) 讨论温度对铅酸蓄电池的影响，光伏型控制器温度补偿的必要性。

实验 5.3.7　户用型控制器工作原理实验

1. 实验目的

(1) 了解户用型控制器在太阳能系统中的作用。

(2) 熟悉户用型控制器的结构组成和原理。

(3) 掌握户用型太阳能系统的结构组成、发电原理和应用方法。

2. 实验设备

太阳能光伏发电教学实验平台、蓄电池。

3. 实验内容

(1) 了解户用型控制器的工作原理，画出实验中使用的户用控制器基本电路原理图。

(2) 将实验选择开关打到垂直状态，然后按照图 5-26 所示顺序做好接线，搭建实验电路，并在实验指导书上画出其电路原理图。

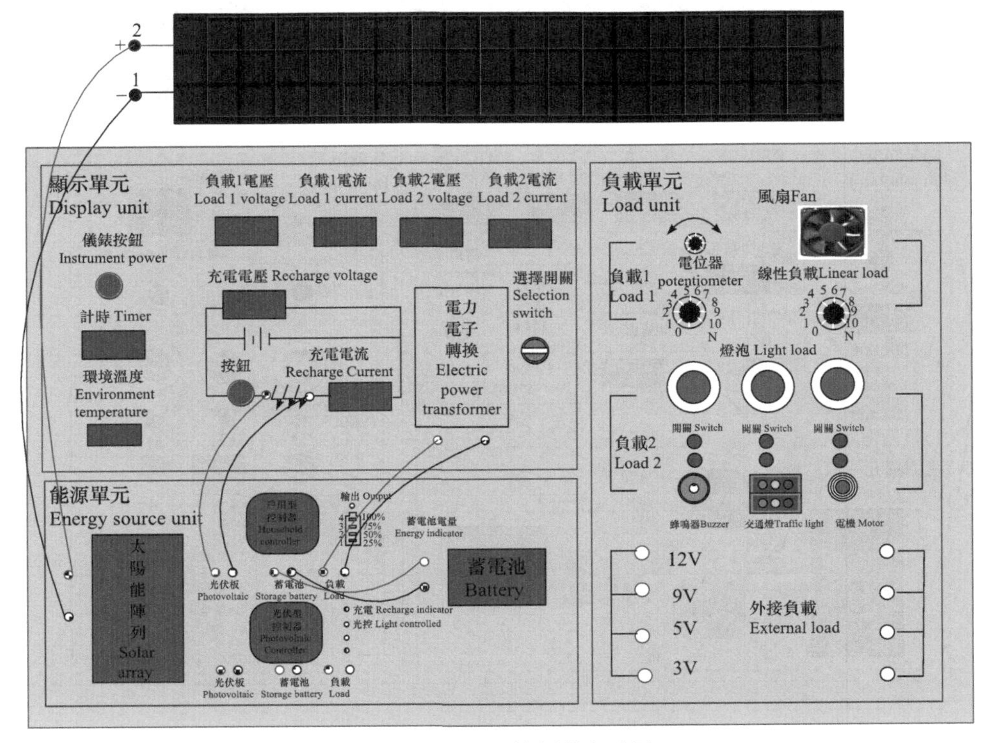

图 5-26　户用型控制器实验图

(3) 接通负载，按下仪表供电按钮，观察充电电压表、充电电流表、负载电压表、负载电流表的数值，同时观察户用型控制器的指示灯，写出各种情况下指示灯的含义。

(4) 确定户用型控制器情况下，光伏板和蓄电池的匹配选型原则。

4. 思考题

(1) 讨论户用型控制器在实际中的应用前景。

(2) 讨论户用型控制器和光伏型控制器的不同。

实验 5.3.8　户用型控制器充放电保护实验

1. 实验目的

(1) 掌握户用型控制器充放电保护原理。

(2) 了解铅酸蓄电池的工作原理和充放电特性。

2. 实验设备

太阳能光伏发电教学实验平台、蓄电池。

3. 实验内容

(1) 按照图 5-27 所示顺序做好接线，搭建实验电路。

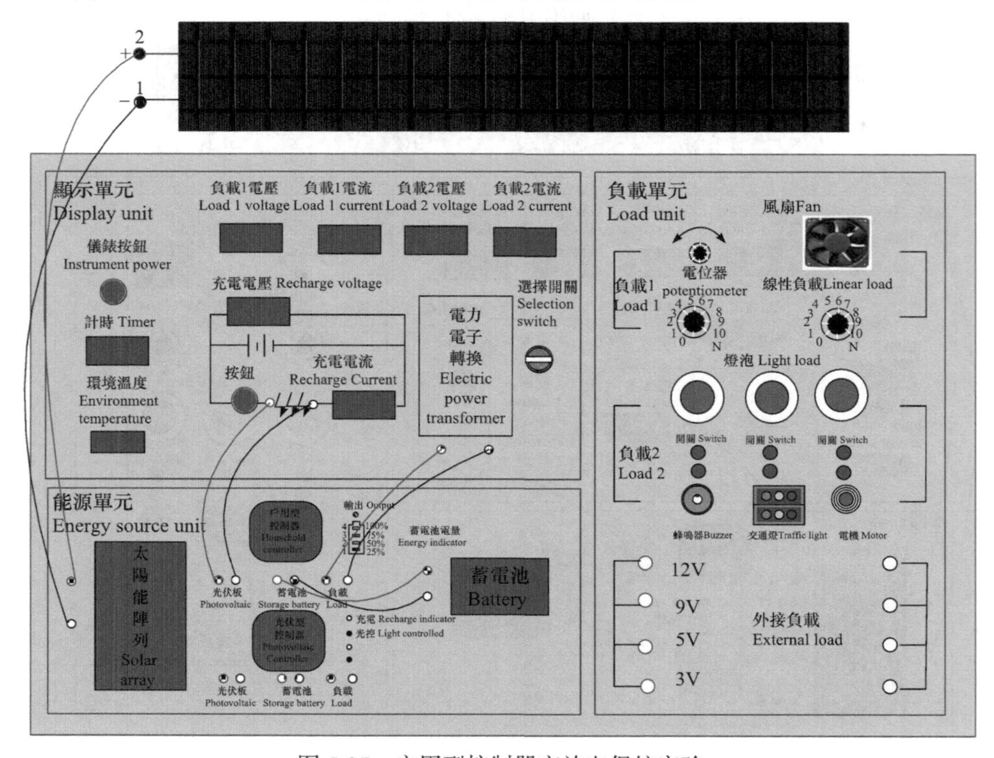

图 5-27　户用型控制器充放电保护实验

(2) 转动负载选择开关，选择负载 2；按下仪表供电按钮，观察记录负载电压表、负载电流表的数值，并同时用万用表测量蓄电池两端的电压(大约每 30min 一次)，直到蓄电池过放保护，记录下过放保护时蓄电池电压。

(3) 将实验选择开关打到垂直状态，选择负载 2；按下仪表供电按钮，观察记录充电电压表、充电电流表的数值，并同时用万用表测量蓄电池两端的电压(大约每 30min 一次)，直到蓄电池过充保护，记录下过充保护时蓄电池电压。

(4) 画出过充、过放时的系统等效电路。

(5) 设计出户用型控制器的温度补偿原则。

(6) 比较户用型控制器和光伏型控制器。

4. 思考题

(1) 讨论光伏型控制器充放电保护特性。

(2) 讨论铅酸蓄电池充放电特性。

(3) 讨论温度对铅酸蓄电池的影响，光伏型控制器温度补偿的必要性。

实验 5.3.9　户用型控制器上位机软件实验

1. 实验目的

(1) 掌握户用型控制器实验上位机操作方法。

(2) 加深了解户用型控制器工作原理。

2. 实验设备

户用型控制器实验上位机软件。

3. 实验内容

(1) 按照实验 5.3.7 的步骤，搭建户用型控制器实验平台。

(2) 打开上位机通信软件，并选择“户用型控制器实验”选项卡，如图 5-28 所示。

(3) 运行软件并检查通信是否正常，校验位是否正确。

(4) 逐步进行实验 5.3.7 的控制器实验，观察上位机检测到的数据并与实验台上电流表和电压表显示的数据进行比较，观察上位机显示指示灯的变化是否与实验台上指示灯的变化对应。

(5) 逐步进行实验 5.3.8，记录过充和过放过程中上位机检测数据的变化，同时测量蓄电池两端电压的变化，并且记录过充和过放时间。

4. 思考题

(1) 谈谈户用型控制器的工作原理。

(2) 比较户用型控制器与光伏型控制器的不同。

(3) 上位机检测数据与实验台仪表显示有何不同，原因是什么?

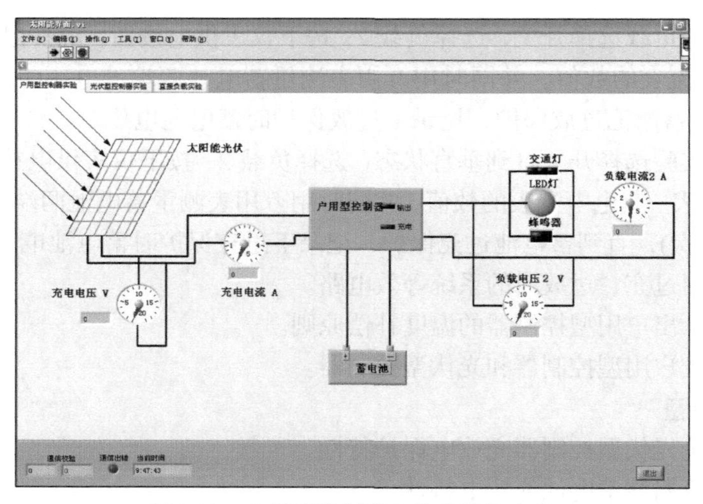

图 5-28　户用型控制器上位机软件实验

实验 5.3.10　光伏型控制器上位机软件实验

1. 实验目的

(1) 掌握光伏型控制器实验上位机操作方法。

(2) 加深了解光伏型控制器的工作原理。

2. 实验设备

户用型控制器实验上位机软件。

3. 实验内容

(1) 按照实验 5.3.5 的步骤，逐步搭建光伏型控制器实验平台。

(2) 打开上位机通信软件，选择“光伏型控制器实验”选项卡，如图 5-29 所示。

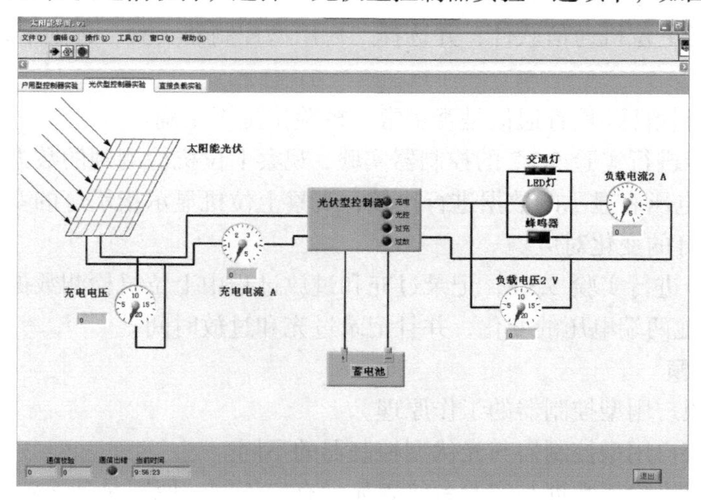

图 5-29　光伏型控制器上位机软件实验

(3) 运行软件并检查通信是否正常，校验位是否正确。

(4) 逐步进行光伏型控制器实验 5.3.5 和实验 5.3.6，观察上位机检测到的数据并记录，观察上位机显示指示灯的变化。

4. 思考题

(1) 谈谈光伏型控制器的工作原理。

(2) 比较户用型控制器与光伏型控制器的不同。

(3) 上位机检测数据与实验台仪表显示有何不同，原因是什么？

实验 5.3.11　直接负载上位机软件实验

1. 实验目的

(1) 掌握直接负载控制器实验上位机操作方法。

(2) 加深了解光伏发电直接负载法的特点。

2. 实验设备

户用型控制器实验上位机软件。

3. 实验内容

(1) 按照实验 5.3.3 的步骤，逐步搭建光伏发电直接负载实验平台。

(2) 打开上位机通信软件，选择“直接负载实验”选项卡，如图 5-30 所示。

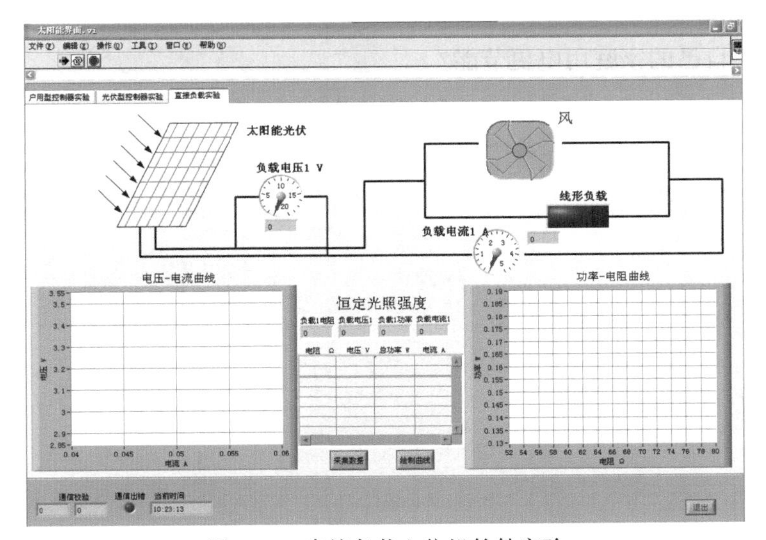

图 5-30　直接负载上位机软件实验

(3) 运行软件并检查通信是否正常，校验位是否正确。

(4) 逐步进行直接负载实验，观察上位机检测到的数据并记录，观察上位机显示指示灯的变化。实验完成后单击“绘制曲线”按钮，观测计算机上绘出的电压-电流曲线和功率-电阻曲线。

4. 思考题

改变光照强度或者温度，记录的数据有何变化，电压-电流曲线和功率-电阻曲线走向会产生何种变化?

实验 5.3.12 家用光伏发电系统设计

1. 实验目的

(1) 掌握综合应用光伏发电系统的方法。

(2) 独立设计出未来家用光伏发电综合应用系统。

(3) 针对关键问题，提出解决方案。

2. 实验内容

(1) 总结前面的实验，深入理解和掌握应用太阳能的方法。

(2) 针对自己的家庭环境，设计直接负载用电子系统，画出电路图和总体系统结构图并给出系统关键设备仪器的选型。

(3) 针对自己的家庭环境，设计光伏型用电子系统，画出电路图和总体系统结构图并给出系统关键设备仪器的选型。

(4) 针对自己的家庭环境，设计户用型用电子系统，画出电路图和总体系统结构图并给出系统关键设备仪器的选型。

3. 思考题

如何使自己的家庭用电更节能?

第 6 章　光伏电池和组件的测试

光伏组件作为太阳能光伏发电系统的主要部件，其产品的质量举足轻重。本章将从光伏电池产线质量控制、光伏组件产线质量控制、组件终检等方面进行介绍。光伏电池产线质量检测包括硅片分检测试、硅片电性能检测、硅片制绒质量监控、硅片扩散工艺、硅片刻蚀质量监控、PECVD 镀减反射层质量监控、丝网印刷质量监控等实验，通过实验掌握各工艺的检测标准；光伏组件产线质量控制主要包括产品分级、电性能测试、组件外观检测和组件功率检测等方面；组件终检主要包括组件外观、绝缘性和耐温、耐湿、恶劣天气等对组件的影响的检测实验。

6.1　光伏电池产线质量控制

实验 6.1.1　硅片分拣测试实验

1. 实验目的

(1) 了解硅片尺寸及外观两个方面的测试标准。

(2) 能够通过检测将有缺角、破片、线痕、裂纹等问题的硅片筛选出来。

2. 实验设备

硅片、游标卡尺、塞尺非接触厚度测试仪、线痕表面深度测试仪等。

3. 实验原理

硅片的尺寸与外观检测标准如表 6-1 所示。

表 6-1　硅片的尺寸与外观检测标准

检验项目	检验要求	检测器具	抽样方案
外包装	外包装完整，防摔、污、潮的措施完备	目测	
外形尺寸	125mm×125mm 或 156mm×156mm 允许误差为 ± 0.5mm	游标卡尺 千分表 平台 硅片模板 塞尺	GB/T 2828.1—2012 一般检验标准Ⅱ
	多晶硅片为 156mm×156mm，对角线为 219.12mm，允许误差为 ± 0.5mm，单晶误差为 ± 0.5mm		
	所检每片硅片的平均厚度值：基本尺寸 ± 20μm； 硅片(同一片厚度)TTV ≤ 30μm		
	两个边的垂直度 90° ± 0.3°(硅片模板)		
	硅片无目视翘曲(翘曲度 ≤ 50μm)		
	倒圆角误差 ≤ 0.5mm		

续表

<table>
<tr><th>检验项目</th><th colspan="2">检验要求</th><th>检测器具</th><th>抽样方案</th></tr>
<tr><td rowspan="3">外观检验</td><td colspan="2">表面：洁净无残留硅粉，无污染、色斑，颜色均匀一致，无目视可见破损及针孔；
油污：表面无明显黑斑、污渍</td><td>目测</td><td rowspan="3">抽样量：2%
不合格比≤0.3%</td></tr>
<tr><td colspan="2">线痕深(高)度≤10/15μm，整个硅片最多一处线痕</td><td>目测
千分表</td></tr>
<tr><td colspan="2">晶粒(多晶片)≤10pcs/cm</td><td>直尺
目测</td></tr>
<tr><td rowspan="5">外观检验</td><td colspan="2">硅片无可视裂纹、无应力、硅落</td><td>目测</td><td></td></tr>
<tr><td>缺角：深度≤0.5mm，
长度≤0.5mm，≤2 处</td><td rowspan="3">符合左侧标准的接受比率≤1%</td><td rowspan="3">目测
游标卡尺</td><td rowspan="4">抽样量 2%</td></tr>
<tr><td>崩边：(亮点)深度≤0.5mm，
长度≤1mm，≤2 处</td></tr>
<tr><td>边缘边：深度≤0.5mm，
一条边</td></tr>
<tr><td colspan="2">不允许有“V”字形缺口</td><td></td></tr>
</table>

4. 实验内容

(1) 核对：对照送检单，核对硅片的来源、规格和数量，供方所提供的参数，如厚度、对角线长、边长。

(2) 用刀片划开封条，划时刀片不宜切入太深，刀尖深入不要超过 5 mm，防止划伤泡沫盒内的硅片。塑封好的硅片，用刀尖轻轻划开热缩膜四个角，然后撕开热缩膜。抽出两边的隔板，观察盒内有没有碎片，若有，则要及时清理碎片。

(3) 检验时戴 PVC 手套。从盒内取出硅片(不得超过 100 片)，先把硅片并齐并拢后观察硅片四边是否对齐平整，并用硅片模板进行对照，鉴别是否存在尺寸不对的现象，若不符合，则用游标卡尺测量，并及时记录于硅片外观检验表上。

(4) 将硅片分出一部分，使其旋转 90°或 180°，再并拢观察硅片间是否有缝隙，若有，则说明有线痕或是有 TTV 超标的现象。将缝隙处的硅片拿出来，用 MS-203 测硅片上不固定的数点厚度(硅片边缘 2～5cm 以内取点)，根据厚度结果确定是否超标。将线痕、TTV 超标片区别放置。再观察四个倒角是否能对齐，如果有偏差，对照硅片模板进行鉴别，把倒角不一致的硅片分开放置。并在硅片外观检验记录表上分别记录数量。

(5) 观察硅片是否有翘曲现象，翘曲表现为硅片放在平面上呈弧形或是一叠硅片并拢后容易散开。若有，则要把硅片放在大理石平面上，用塞尺测量其翘曲度，将翘曲度超标片区别放置，在硅片外观检验记录表上记录数量。

(6) 逐片检验硅片，将碎片、缺角、崩边、裂纹、针孔、污物、微晶(特指多晶硅片)等不合格品单独挑出，分别存放，并在硅片外观检验记录表上记录。

(7) 逐片计数该盒中合格片数量及各类不合格片数量，并核对总数与硅片外包装计数是否一致，若有缺片的现象，则必须记录相对应的盒号、箱号、晶体编号。

(8) 把硅片整理整齐，重新放入泡沫盒内，最后在硅片两侧放入泡沫垫板进行保护，盖上泡沫盒，用封箱带把盒子封好，在盒子的上方记录包装内的实际数量。

5. 实验注意事项

(1) 要戴好手指套。

(2) 硅片要轻拿轻放，避免碰到其他物体或身体的其他部位引起裂片。

6. 数据处理

硅片外观检验记录表

序号	不符合要求的检验项目类型	偏差值	结论	备注
1				
2				
3				
4				
存在的问题及改进建议				

7. 思考题

(1) 硅片的制造工艺是什么？

(2) 单晶硅棒和多晶硅锭的区别是什么？

实验 6.1.2　硅片分选电性能测试实验

1. 实验目的

(1) 了解硅片测试的常用方法。

(2) 掌握硅片分选机的操作使用方法。

2. 实验设备

Fortix 硅片分选机。

3. 实验原理

硅片电性能测试主要包括如下内容。

电阻率测试：电阻率为荷电载体通过材料受阻程度的一种量度，是用来表示各种物质电阻特性的物理量，符号为 ρ ，单位为 $\Omega\cdot cm$ 。156mm×156mm 硅片的电阻率规格为 0.5～3 $\Omega\cdot cm$ 。

导电类型：根据掺杂剂的选择与掺杂剂的量不同，半导体材料中的多数载流子可能是空穴或者电子，空穴为主的半导体是 P 型，电子为主的半导体是 N 型。

目前光伏电池应用的硅片为 P 型，测试工具为电阻率测试仪。

TTV：总厚度偏差，即晶片厚度的最大值和最小值的差，晶片总厚度偏差的要求为≤30μm。常用测量工具为测厚仪。

少子寿命：指的是晶体中非平衡载流子由产生到复合存在的平均时间间隔，它等于非平衡少数载流子浓度衰减到起始值的 1/e(e=2.718)所需的时间。对于单晶硅片和多晶硅片，少子寿命的要求不同，多晶≥2μs，单晶≥10μs。常用检测工具为少子寿命测试仪。

Fortix 分选机(图 6-1)：主要用来对来料硅片的尺寸、厚度、表面污染、TTV、少子寿命等参数进行检测。

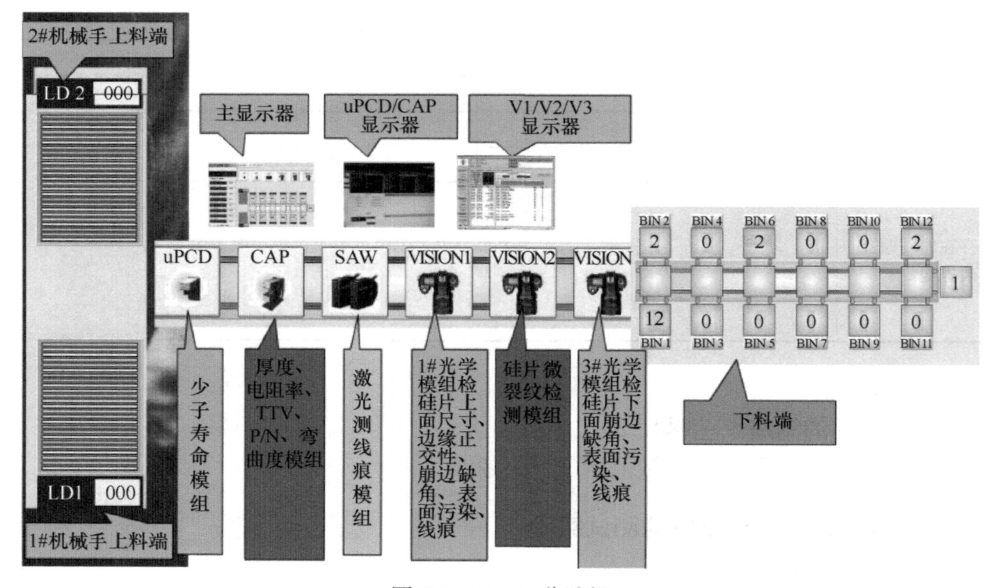

图 6-1　Fortix 分选机

4. 实验内容

1) 开机

首先将总电源打开。随后将 Fortix 分选机机台电源(main power)打开。将 Semilab 主机和 Fortix 主机的 UPS 电源分别打开。待 UPS 处于 On Line 状态时，将 Fortix 和 Semilab 开机。按 Semilab 键盘上 Ctrl 键两次是切换键，可以进行少子寿命模组和厚度电阻率 TTV 模组之间的切换。

将 Inteckplus 开机(红色圆圈处钥匙旋转，打开盖子后按下里面黑色电源开关)。

单击桌面上 Isolar 和 Host 快捷方式，进入 Vision 1(尺寸、油污、崩边)。按两下 Ctrl 键，就切换到 Vision 2(微裂纹)以及 Vision 3。

三台计算机的软件全部开启后，首先单击 Initialize 按钮，然后单击右上角处 Vision 2、Vision 3，使其显示绿色，如果不能正常显示绿色，表示 Vision 2、Vision

3 未开机或者软件未打开，最后进行 Host 数据保存操作步骤。

2) Fortix 主机操作

(1) 开机后打开 FXA 软件，进入 MMI 界面。

(2) 单击 Sorting Data 按钮，进入界面后，进行硅片分类的设定，设定完成后依次执行 Save to File→Apply→Close 命令。

(3) 单击 lotid 按钮，进入界面后，输入硅片的批次或单号。

3) 测试

(1) 少子寿命模组。

① 开机后打开 uPCD 软件，单击 Stop 按钮进入静态测试模式。

② 放入硅片，单击进入 Record 按钮界面，单击 Auto setting 按钮进行参数自动设置，设置完成后需要将 Average 改成 16 以下。

③ 完成后，单击 Start 按钮，进入连续测试模式。

④ 自动测试一片硅片，单击 Line Scan 按钮并观察曲线情况，在曲线上右击，选择 Skip Edge 选项，会先后弹出两个对话框，第一个是前部剔除，第二个是后部剔除，可进行边缘剔除。边缘调整好之后可以正常测试。

⑤ 数据保存：单击 Clear Statistics 按钮，进入界面后，输入硅片批次或单号进行数据保存，然后单击 New Batch 按钮。

(2) 厚度、电阻率及 TTV 模组。

① 开机后打开 CAP 软件，单击 Stop 按钮进入静态测试模式，将 Average 改成 16 以下。

② 对模组进行校准，校准操作步骤如下。

a. 校准片放在探头下，单击 Calibrate Thickness 按钮，输入校准片的实际厚度值，单击“确定”按钮。

b. 取出校准片，单击 Compensate Resistivity 按钮。

c. 放入校准片，单击 New 按钮，所有参数有值后，单击 Calibrate Resistivity 按钮，输入校准片的电阻值，单击“确定”按钮。

d. 取出校准片，单击 Start 按钮进入连续测试模式。

e. 观察 Line Scan 中的曲线，可进行边缘剔除(Skip Edge)。

f. 在 Options 中单击 Save Measurement Options 按钮，保存校准文档，校准结束。

③ 数据保存：单击 Clear Statistics 按钮，进入界面后，输入硅片批次或单号进行数据保存，然后单击 New Batch 按钮，建议每 4h 校准一次。

④ Trouble Shooting：如果皮带正常运行，模组却没有进行测试，则可能有以下几个原因。

a. 没有单击 Start 按钮(单击 Start 按钮)。

b. Average 的数值太高(调低 Average 的值，可以调整到 16 或 8)。

c. 边缘剔除(Skip Edge)值太多，导致测试时间过短(将 Skip Edge 的值适当减小)。

d. 调整过皮带传输速度而没有更改 Average 及 Skip Edge 等参数(进行适当的修改)。

4) Auto Run 前机台准备工作

(1) 所有电机复位，Ten-key 数字键按 99#。

(2) 确保安全门是关闭的。

(3) 确保没有 Error 报警(Fortix 操作界面里的 Error 栏)。注意，当出现报警时，先检查 Error，确保没有 Error 之后，即 Error 清除之后，再按 Reset 键，之后按 Start 键。

5) 生产过程中或下料

(1) Sorting 部分分类片盒满 100 片之后会报警，应及时将硅片取出后放回片盒。

(2) 上料端两边最多各可放 3 个满的卡盒，放置空卡盒的区域两边也最多只能放 3 个，3 个满了时或未满 3 个时都务必及时将空卡盒取出。

6) 关机

(1) Semilab：将运行界面关闭之后关机。

(2) Fortix：将运行界面关闭，输入密码，退出后关机。

(3) 将两个 UPS 电源关闭。

(4) 将主电源 Main power 关闭。

(5) 关闭总电源。

5. 实验注意事项

(1) 硅片性能检测的目的在于检测硅片的内在性能指标，以满足电池片的需求。

(2) 采用全部检测的方式进行检验。

6. 数据处理

硅片性能检验记录表

序号	电阻率	导电类型	TTP	少子寿命	备注
1					
2					
3					
4					
存在的问题及改进建议					

7. 思考题

(1) 试归纳 Fortix 分选机的使用技巧。

(2) 少子寿命指的是什么？少子寿命的时间长短对于硅片有什么影响？

实验 6.1.3 硅片制绒质量监控

1. 实验目的

(1) 掌握制绒质量监控方法。

(2) 理解制绒对光伏转换的影响。

2. 实验设备

天平、制绒设备等。

3. 实验原理

产线上绒面质量监控一般不采用扫描电镜监控绒面质量,而是采用更为方便、快捷、直观的腐蚀量检测。

对于特定种类硅片，通过工艺实验确定最佳腐蚀深度，腐蚀深度计算公式为式(6-1)：

$$\text{腐蚀深度}=(\text{硅片的初始重量}-\text{制绒后硅片的重量})\times\text{腐蚀深度系数}\,K \tag{6-1}$$

其中，腐蚀深度系数 K 为硅片单位深度重量的倒数。以多晶硅片 156 为例，该硅片是边长为 156mm 的正方形，密度为 2.33g/cm^3，其腐蚀深度系数的推导过程如下。

多晶硅 156 的面积：$156\text{mm}\times156\text{mm}=24336\text{mm}^2$

单位深度的重量：$2.33\text{g}/\text{cm}^3\times24336\text{mm}^2=567.0288\text{g}/\text{cm}$

腐蚀深度系数：$K=\dfrac{1}{567.0288\text{g}/\text{cm}}=17.64\mu\text{m}/\text{g}$

多晶硅 156 的最佳腐蚀深度系数范围为 $(3.7\pm0.5)\mu\text{m}$，则制绒后硅片的减重为 $(65.27\pm8.82)\text{g}$。

4. 实验内容

产线制绒的仪器从结构上来说，一般分为链式和槽式两种。

(1) 对于链式结构来说，腐蚀量测量的作业方式如下：

① 每批硅片的腐蚀深度都要检测，不允许生产编造数据，弄混批次等。

② 要求每批抽取非连续排列 3 片，测量完后要求生产及时输入 SPC 中。

③ 放测量片时，把握均衡原则。如第一批放在 1、3、5、7 道，下一批则放在 2、4、6、8 道，有利于检测设备的稳定性以及溶液的均匀性。

④ 电子天平使用前将水珠调整至中间位置，再进行校准(校 0)。

⑤ 用镊子将硅片夹入电子天平内称重(镊子为非金属，使用前用酒精布擦拭

干净，干燥后使用)，如图 6-2 所示。

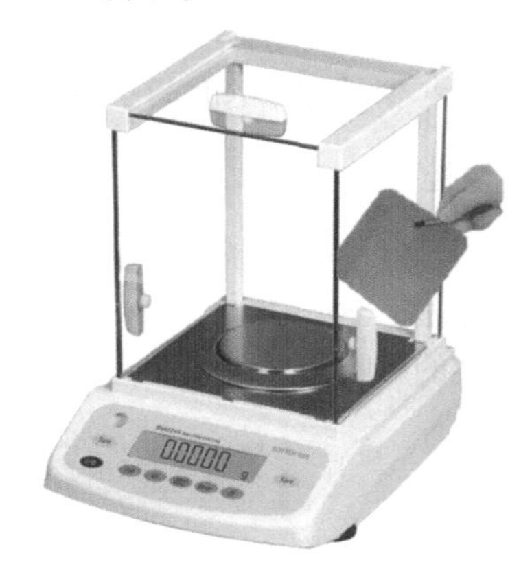

图 6-2　镊子、电子天平使用示意图

(2) 对于槽式结构，腐蚀量检测作业方式如下。

① 制绒前取大花篮四个角各一片并称重，如图 6-3 中 1～4 所示的位置，将每批测试的腐蚀前重量记录在相关表单中。

② 将测试片相对应小花篮按甩干机内铁花篮标示放入甩干机进行甩干，如图 6-4 所示，甩干完毕后按图 6-4 中标示的 1～ 4 位置各取出一片称重，计算出腐蚀量，腐蚀量要求保留两位小数并记录。

图 6-3　大花篮取片位置示意图

图 6-4　甩干机测试片位置示意图

③ 电子天平使用前将水珠调整至中间位置，再进行校准(校 0)。

④ 用镊子将硅片夹入电子秤内称重(镊子使用前用酒精布擦拭干净，干燥后使用)。

⑤ 对制绒下料后的硅片进行抽检，每盒前、中、后抽 3 片，每盒中一旦出现返工片就要对整盒进行抽检，将不良片挑出，并集中放置在待返工区域。

5. 实验注意事项

产线上的每一片硅片，在下片时，操作员工要目检每一片硅片是否完整；表面是否有明显的小水珠、滚轮印、黑边、水痕等外观异常情况。

1) 典型的外观不良

(1) 小水珠：由于风刀吹不干，硅片边缘或中间区域残留有轻微小水珠的情况。

(2) 大面积水残留：叠片导致硅片上有大面积药液残留的情况。

(3) 滚轮印。

(4) 各类脏片。

2) 返工片的判定标准

(1) 白边：两侧白边连成线，判定返工。

(2) 发白：≥ $4cm^2$ 面积发白，判定返工。

(3) 白点：单面出现超过 3 个 $4mm^2$ 白点，判定返工。

前面提及的各种异常造成的不良片要及时进行返工。

3) 返工流程

(1) 超时返工：制绒至扩散阶段超时的硅片需从刻蚀工艺开始返工，绒面朝上；返工前需通知到制绒工艺进行机台调整。

(2) 不良返工：当班产生的返工片(包括叠片不良)累计至下班前最后一批集体返工，返工时绒面朝下。

(3) 出现不良时，工艺可根据现场实际隔离情况判定不良片处理方法。

(4) 产线在做完返工片后，在做正常片之前需测量测试片的腐蚀深度并通知工艺部门，工艺部门根据测试片腐蚀深度调整工艺参数后开始正常生产。

实验 6.1.4　扩散工艺质量监控

1. 实验目的

(1) 了解硅片测试的常用方法。

(2) 掌握硅片分选机的操作使用方法。

2. 实验设备

Fortix 硅片分选机。

3. 实验原理

扩散(或扩散制结)是太阳能电池生产中的关键性工序，该工序是在硅片表面制备太阳能电池的核心：P-N 结。目前，工业生产中主要采用三氯氧磷液态源扩散在掺硼的 P 型硅片衬底上制备 N 型重掺杂层，从而得到 P-N 结的方法。

扩散制得 P-N 结的结深、掺杂区的掺杂浓度对开路电压和短路电流的影响是对立的。理论计算显示：浅结和发射区轻掺杂能获得较高的短路电流；发射区较浓掺杂能获得较高的开路电压，同时，较浓掺杂的发射区能与电极之间形成良好的欧姆接触，减小串联电阻，提高填充因子。因此，要调节合适的结深和发射区掺杂浓度，协调短路电流和开路电压，获得最佳转换效率。

除合适的结深外，扩散还要提高均匀性。扩散的均匀性体现在 P-N 结结深的差异性上。结深差异小，则扩散均匀性好；结深差异大，则扩散均匀性差。扩散的均匀性影响电池片电性能参数相对于正态分布的偏离，均匀性差，偏离大，低效电池片比例增加；均匀性好，偏离小，高效电池片比例增加。扩散的均匀性通过计算电池片方阻的均匀性来衡量。方阻的均匀性通过测量电池片不同位置的方阻，根据式(6-2)计算后得到。

电池片方阻均匀性计算公式：

$$M = \frac{\max - \min}{\max + \min} \times 100\% \tag{6-2}$$

方块电阻即方阻，是指一个正方形区域对边之间的电阻。方阻的大小不受正方形区域大小的影响，仅和材料、膜厚等因素相关。方块电阻和样品的厚度的乘积即电阻率，是衡量半导体材料内扩散掺杂浓度的重要参数。方阻通常采用四探针法来测量。

四探针法指用四根针间距在 1 mm 左右的金属探针同时压到样品表面(图 6-5)，给 1、4 两根探针通以小电流，然后测量 2、3 两根探针之间的电压，最后根据式(6-3)计算出样品的电阻率。

$$\rho = C\frac{V_{23}}{I} \tag{6-3}$$

其中，C 为修正系数，由探针的排列方法和针距决定，单位为 cm；V_{23} 为 2、3 探针之间的电压，单位为 V；I 为通过样品的电流，单位为 A。根据样品的形状和尺寸，四探针法的探针安排各有不同。一般来说，样品为体材料，采用半无限大样品的模式；样品为薄膜材料，采用无限薄层模式。测量电池片扩散后的方阻采用的是无限薄层模式。

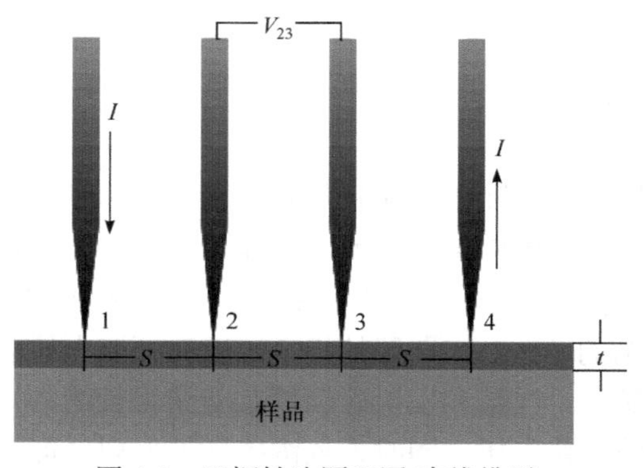

图 6-5　四探针法原理图(直线排列)

无限薄层模式的样品横向尺寸较大，厚度 t 远小于探针间距 S，探针可直线排列或正方形排列，如图 6-6 所示。图中，I_+ 表示电流从探针 1 流入硅片，I_- 表示电流从探针 4 流出硅片。流入硅片的电流在薄层内近似以放射状流动，其等位面近似为圆柱面。探针 1 的电流在 r 处形成的电位可以用式(6-4)表示。

$$(V_r)_1 = \int_r^{\infty} \frac{\rho I}{2\pi r t} \mathrm{d}r = -\frac{\rho I}{2\pi t} \ln r \tag{6-4}$$

其中，ρ 为薄层的平均电阻率。由式(6-5)可得探针 1 的电流在探针 2、3 之间形成的电位差为

$$(V_{23})_1 = -\frac{\rho I}{2\pi t} \ln \frac{r_{12}}{r_{13}} = \frac{\rho I}{2\pi t} \ln \frac{r_{13}}{r_{12}} \tag{6-5}$$

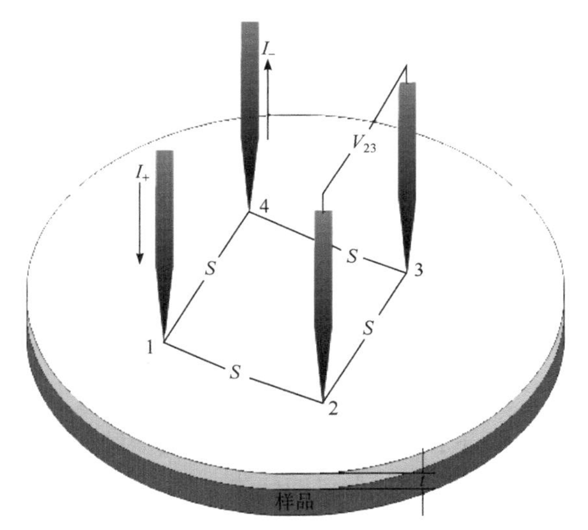

图 6-6　无限薄层模式电阻率测量示意图(正方形排列)

探针 4 的电流在探针 2、3 之间形成的电位差为

$$(V_{23})_4 = \frac{\rho I}{2\pi t} \ln \frac{r_{42}}{r_{43}} \tag{6-6}$$

由式(6-5)和式(6-6)可知，探针 2、3 之间的总电位差为

$$V_{23} = (V_{23})_1 + (V_{23})_4 = \frac{\rho I}{2\pi t} \ln \frac{r_{42} \cdot r_{13}}{r_{43} \cdot r_{12}} \tag{6-7}$$

即电阻率表达式为

$$\rho = \frac{2\pi t V_{23}}{I} \bigg/ \ln \frac{r_{42} \cdot r_{13}}{r_{43} \cdot r_{12}} \tag{6-8}$$

探针直线排列时，$r_{12} = r_{34} = S$，$r_{13} = r_{24} = 2S$，电阻率可化简为

$$\rho=\frac{\pi t}{\ln 2}\cdot\frac{V_{23}}{I} \tag{6-9}$$

探针正方形排列时，$r_{12}=r_{34}=S$，$r_{13}=r_{24}=\sqrt{2}S$，电阻率可化简为

$$\rho=\frac{2\pi t}{\ln 2}\cdot\frac{V_{23}}{I} \tag{6-10}$$

方阻 R_s 和薄层电阻率之间存在如下关系：

$$R_s=\frac{\rho}{t} \tag{6-11}$$

最终可得在无限薄层模式下，探针直线排列时的方阻为

$$R_s=\frac{\pi}{\ln 2}\cdot\frac{V_{23}}{I} \tag{6-12}$$

探针正方形排列时的方阻为

$$R_s=\frac{2\pi}{\ln 2}\cdot\frac{V_{23}}{I} \tag{6-13}$$

实际测量中，被测样品无法满足无限大条件，因此需要引入修正系数。修正系数由针间距 S、样品长边长 a 和短边长 d 之间的关系决定。以多晶硅 156 为例，边长 $a=d=156$mm，针间距 S 在 1mm 左右，即 $a/d=1$，d/s 近似无穷，修正系数约为 9.0647。

4. 实验内容

1) 外观检查

将硅片从石英舟上取下，观察外观是否有缺陷，并判断是否为扩散过的硅片如图 6-7 所示，其中图(a)为正常扩散过的硅片，图(b)为未扩散硅片。扩散硅片的非扩散面的边缘相比于中心部分颜色偏黑，未扩散硅片的非扩散面边缘与中心颜色一致，如果硅片存在缺陷或硅片未扩散，通知工艺人员。

(a) 正常扩散硅片

(b) 未扩散硅片

图 6-7 正常扩散和未扩散硅片的外观对比

2) 方阻测量作业指导

(1) 方块电阻测试量测仪器：四探针测试仪。

(2) 量测片数：3 片/每批次。

(3) 量测方法：程序运行完毕，待冷却后，从炉口、炉中、炉尾依次取下 3 片单片，切勿将顺序弄混。

(4) 硅片冷却之后，手动卸片，按照图 6-8 所示位置取 3 片测试方块电阻。

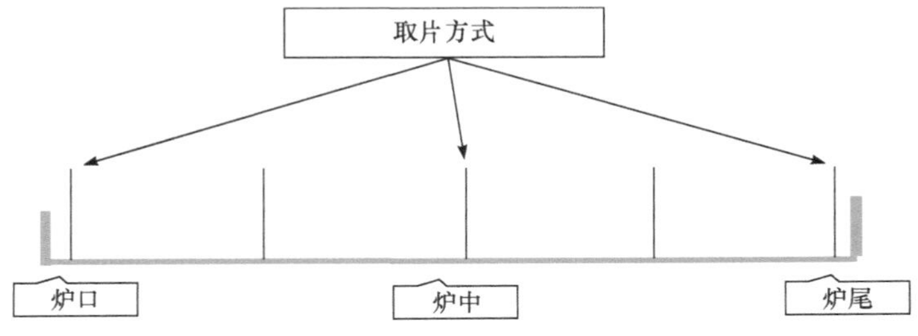

图 6-8　手动卸片取测试片方式

(5) 硅片冷却之后，自动卸片按照图 6-9 所示位置从对应温区的花篮内取一片，一批共 3 片，测试方块电阻。

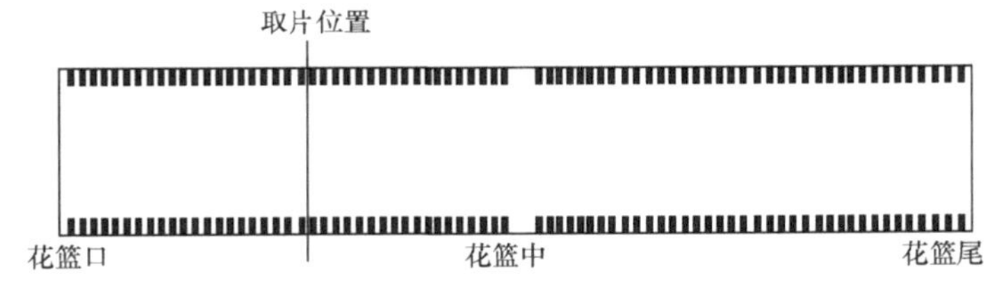

图 6-9　自动卸片取测试片方式

(6) 如图 6-10 所示，将硅片放置在四探针测试仪测试台上，每片硅片检测四角及中心，共 5 个位置的方阻。

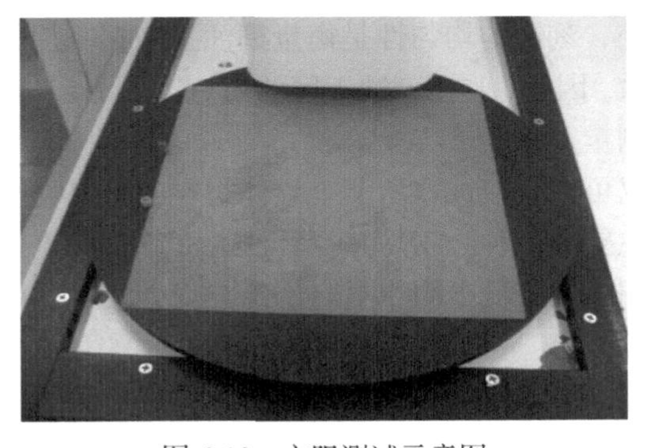

图 6-10　方阻测试示意图

(7) 将测量数据填入 SPC，并计算方阻均匀性。

5. 实验注意事项

(1) 在方阻测量过程中，注意以下两点：

① 禁止不戴手套接触硅片。

② 禁止不放置测试硅片进行空测，避免损坏测试探头。

(2) 若所得方阻测量值不在规定范围中，则分以下几种情况处理：

① 稍微超出规定范围：重新扩散。

② 严重超出规定范围：重新制绒。

③ 方阻偏低或色斑、偏磷酸等由硅片表面问题引起的玷污：去 PSG 后重新制绒。

(3) 方阻出现异常后，几种常见的工艺调整方法如下。

① 扩散不足：增大 N_2 的携带流量。

② 方阻偏高：加大源量，延长扩散时间，通入足量的 N_2 和 O_2。

③ 方阻偏低：降低扩散温度，减少扩散时间。

④ 方阻不均匀：调整扩散气流量。

实验 6.1.5 硅片刻蚀质量监控

1. 实验目的

(1) 了解硅片测试的常用方法。

(2) 掌握硅片分选机的操作使用方法。

2. 实验设备

Fortix 硅片分选机。

3. 实验原理

刻蚀最主要的目的是去除硅片周边的 P-N 结，减少电池片正负极之间的漏电流。经过刻蚀的硅片，扩散面和非扩散面之间基本绝缘，硅片四周边缘的导电类型和衬底一致。另外，刻蚀的均匀性是衡量刻蚀工艺在一片、一批或多批硅片之间稳定性的重要参数。因此，监控刻蚀工序的质量需要测定硅片边缘的导电类型，同时对腐蚀量进行测量。

导电类型测试仪可以直接读取所测半导体材料的导电类型，为后续生产提供依据，其测试方法主要有三种：①冷热探针法；②单探针点接触整流法；③三探针法。这里简要介绍适用于低电阻率材料的冷热探针法和适用于高电阻率材料的单探针点接触整流法。

1) 冷热探针法

冷热探针法利用半导体材料的温差电效应来测量导电类型，有测量温差电流

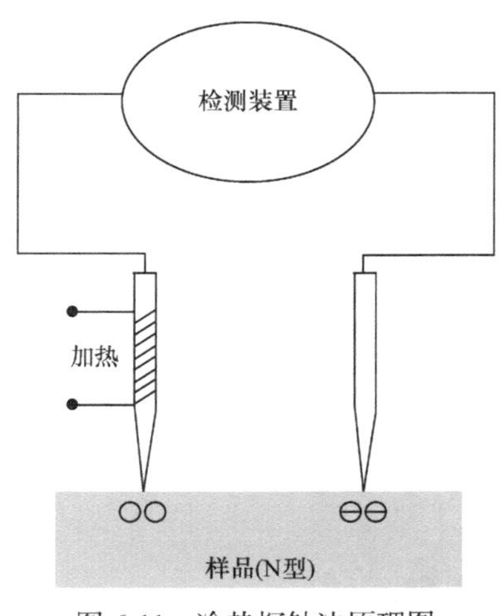

图 6-11　冷热探针法原理图

方向和测量电势极性两种方法，其原理图如图 6-11 所示。一根探针保持室温，另一根探针用电阻丝加热，使冷热探针之间的温差保持在 30～40℃。当探针和待测半导体样品接触时，两个接触区域之间产生温差，将这两个区域分别称为冷端和热端。由于载流子的热运动速度与温度相关，温度越高，载流子热运动速度越快。以 N 型材料为例，热端的电子热运动速度大于冷端的电子热运动速度，导致热端向冷端扩散的电子数多于冷端向热端扩散的电子数；热端电子浓度低于平衡时的浓度，冷端电子浓度高于平衡时的浓度；冷热两端出现电荷累积，热端电势高于冷端电势。结合检流计测量温差电流方向或极性检测仪测量温差电动势，根据表 6-2 即可判断半导体材料的导电类型。由于温差电动势随着掺杂浓度的增加而减小，因此该方法适用于电阻率较低的样品。

表 6-2　半导体温差电动势、温差电流方向

参数	P 型	N 型
温差电动势(极性检测仪)	热端 < 冷端	热端 > 冷端
温差电流(检流计)	冷端⩾热端	热端⩽冷端

2) 单探针点接触整流法

半导体和金属接触时，半导体能带发生弯曲，形成多数载流子的势垒，呈现整流特性，但是如果该势垒比较窄，在隧穿效应的影响下，载流子可从势垒底部直接穿过，破坏整流性，出现欧姆接触特性。图 6-12 给出了一种常见的单探针点接触整流法测量导电类型示意图。以 P 型材料为例，在不加外电压(u=0)时，半导体和探针之间由于金属-半导体接触已经存在一个阻挡空穴的势垒；当 u<0 时，势垒增高，接触界面处无电流(忽略反向漏电流)，检流计不偏转；当 u>0 时，势垒降低，空穴从半导体流向探针，检流计向左偏转。

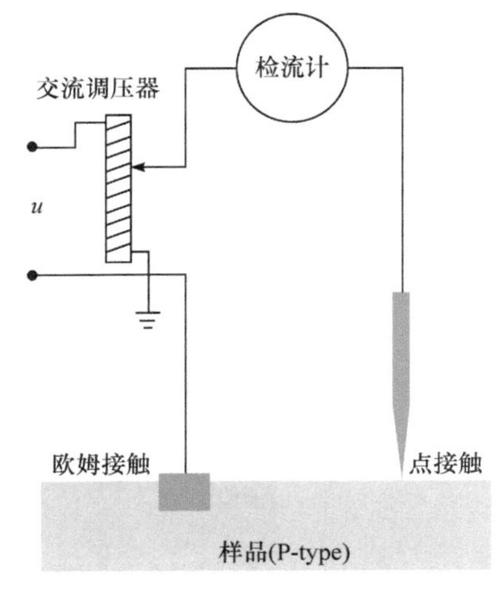

图 6-12　单探针点接触整流法示意图

根据检流计偏转的方向，即可判断半导体类型。但是该方法不适用于低电阻率的材料，因为金属与低电阻率的材料之间容易出现隧穿效应而破坏整流特性。

4. 实验内容

对于每一批硅片，边缘 PN 型、边缘电阻和腐蚀量都要检测。

1) 边缘 PN 型检测

(1) 检测仪器：PN 型测试仪(图 6-13)。

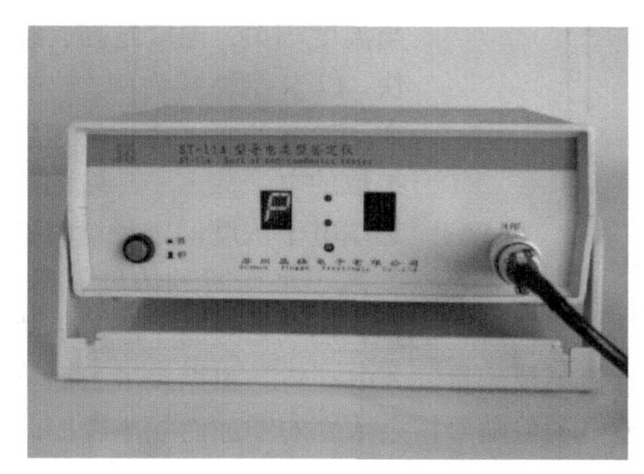

图 6-13　PN 型测试仪

(2) 检测片数：2 片/0.5h。

(3) 要求：硅片边缘导电类型与衬底一致。

2) 边缘电阻检测

(1) 量测仪器：万用表。

(2) 要求：上下表面之间阻值>1kΩ。

(3) 量测片数：2 片/0.5h。

3) 刻蚀宽度检测(图 6-14 为标准刻蚀线宽度)

图 6-14　标准刻蚀线宽度

(1) 目测，若不确定是否过刻，请工艺人员进行评审。

(2) 要求：刻蚀宽度<1.5mm。

(3) 量测片数：整批硅片。

4) 减薄量检测

(1) 量测机台：电子天平。

(2) 量测片数：4 片/0.5h。

(3) 要求：减薄量在规定范围内；前后重量测量必须选用同一台天平进行(电子天平操作同制绒腐蚀量测量)。

5) 脏片检查

(1) 目检每一片表面是否有明显的滚轮印、黑边、水痕等不良情况。

(2) 要求：硅片表面没有明显的脏污痕迹。

典型的表面脏污有：

① 硅片边缘有轻微小水珠，如图 6-15 所示。

② 大面积水残留，如图 6-16 所示。

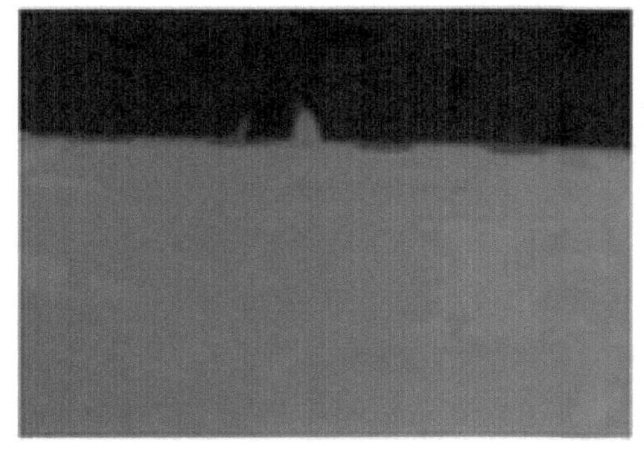

图 6-15　硅片边缘有轻微小水珠

图 6-16　大面积水残留

③ 滚轮印如图 6-17 所示。

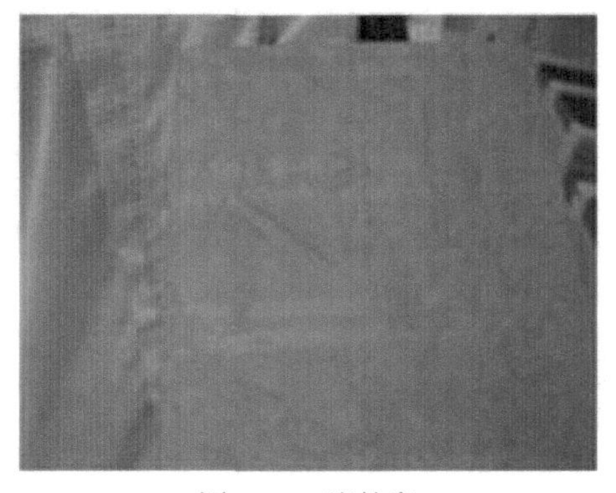

图 6-17　滚轮印

④ 过刻黑边(刻蚀线≥3mm)如图 6-18 所示。

图 6-18　过刻黑边

⑤ 液滴如图 6-19 所示。

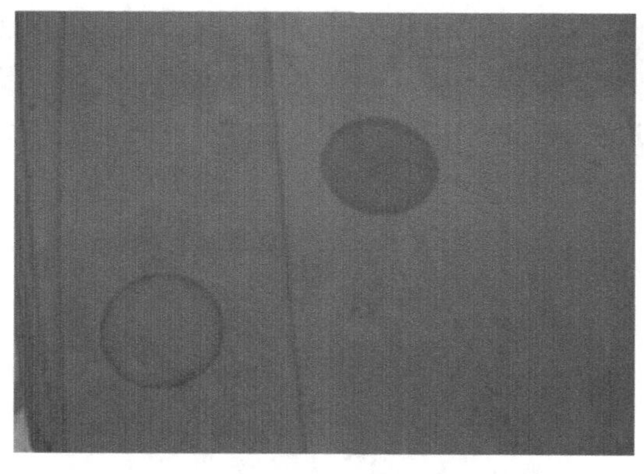

图 6-19　液滴

实验 6.1.6　PECVD 镀减反膜质量监控

1. 实验目的

(1) 了解硅片测试的常用方法。

(2) 掌握硅片分选机的操作使用方法。

2. 实验设备

Fortix 硅片分选机。

3. 实验原理

在理想条件下，要达到最佳的减反射效果，膜厚应为入射光波长的 1/4，此时反射光相消干涉，反射率最小，接近零。实际生产中，太阳能电池工作在自然光环境下，地球表面太阳光谱能量峰值在 500nm 左右；以硅片为基底的太阳能电池片，其相对响应峰值的波长为 800～900nm；氮化硅膜层的折射率不均匀。综合以上因素和封装材料(主要是玻璃面板和 EVA)对入射光的影响，经工艺实验验证，氮化硅减反射膜的厚度在 80nm 左右，能获得最佳折射率。此时的氮化硅膜呈深蓝色。

此外，要提高电池片的效率，减反射膜还要求具有较高的致密性、较好的均匀性和较强的附着性。

膜厚和折射率是减反射膜质量的重要指标，主要用椭偏仪进行测量。椭偏仪，是一种利用反射光线的偏振特性的设备，当偏振光入射到氮化硅薄膜上，其偏振状态会根据膜厚及折射率的不同发生变化，设备接收反射光的信息后，通过计算机的数学运算，计算出氮化硅薄膜膜厚与折射率的具体数值。椭偏仪原理示意图和仪器外观如图 6-20 所示。

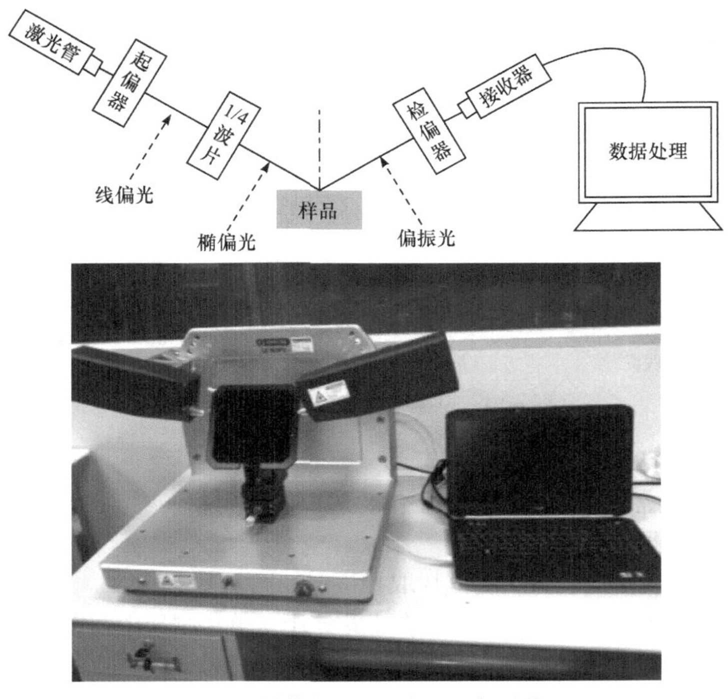

图 6-20　椭偏仪原理示意图和仪器外观

椭偏仪测量膜厚时，对待测薄膜没有破坏性且精度高，仅要求待测薄膜为透明或半透明，因此应用范围广泛。其测量原理是由激光器发出波长为 λ 的激光束，先经过起偏器成为线偏振光；然后经过 1/4 波长片，由于双折射现象，线偏振光分解成互相垂直的 P 波和 S 波，形成椭圆偏振光；椭圆偏振光入射到样品上，经过样品表面(多层介质)的多次反射和折射，总反射光依然是圆偏振光，但其形状和方位发生改变(图 6-20)。旋转起偏器，存在某一特定方位角，使得总反射光为线偏振光；再转动检偏器，在特定角度会出现消光现象。根据起偏器和检偏器的特定角度，经计算可得膜厚和折射率。

4. 实验内容

1) 外观检查

每一片经过 PECVD 镀膜的电池片都要经过目检，检查外观是否异常。最常见的外观异常有片内色差、片间色差及水印等。片内色差是指同一片电池片表面颜色不一致，主要由硅片厚薄不均匀、绒面颗粒大小不均匀、镀膜期间硅片受热弯曲等原因造成。片间色差指同一批次硅片镀膜后，相邻硅片间颜色依次有变化，主要由新舟镀膜不完全、气流参数设置不合理等原因造成。水印是指 PECVD 前硅片表面没有完全干燥或有药液残留，镀膜后残留液体位置的颜色和其他地方不一致。常见的外观异常如图 6-21 所示。

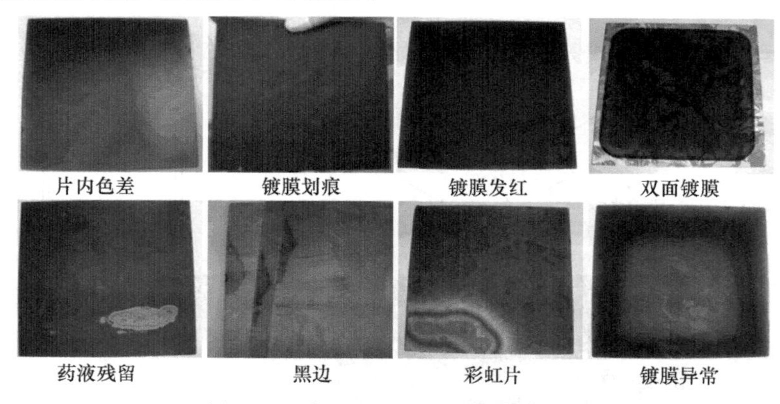

图 6-21　常见 PECVD 镀膜外观异常

2) 膜厚、折射率检测

所有外观正常的电池片，还需要抽检膜厚和折射率。

(1) 测量仪器：椭偏仪。

(2) 测量片数：3 片/舟，测试片取片位置如图 6-22 所示。

(3) 测量方法：每舟取 3 片放置在小花篮中，单片测量中间点膜厚及折射率。

(4) 测得数据如在正常范围内，测量片放回小花篮。

(5) 如果出现异常，整舟电池片检测膜厚及折射率，异常片按规定返工。

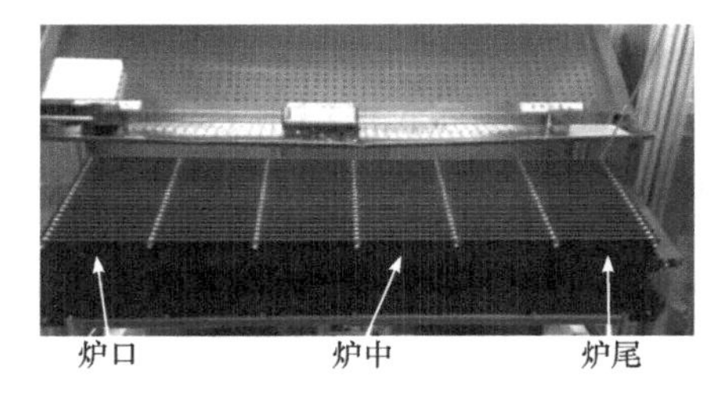

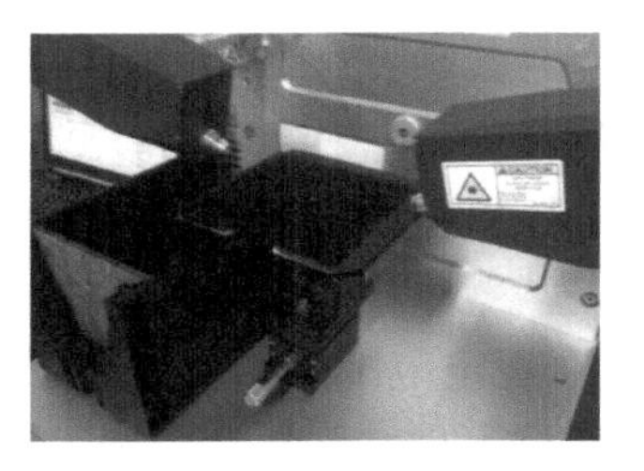

图 6-22　椭偏仪测试片取片位置、放片方法示意图

实验 6.1.7　丝网印刷质量监控

1. 实验目的

(1) 了解硅片测试的常用方法。

(2) 掌握硅片分选机的操作使用方法。

2. 实验设备

Fortix 硅片分选机。

3. 实验原理

在太阳能电池片上共有三类电极：在硅片背面形成 P^+层，减少少子复合，收集背部载流子，输送到背电极的背电场；与背电场形成良好欧姆接触，与焊带形成良好接触的背电极；收集正面载流子，输出光生电流的正电极。

背电场铝浆的厚度控制是保证背电场质量的重要因素。如果铝浆太薄，在烧结过程中，铝浆会与硅形成熔融区域而被消耗；铝浆太厚，烧结过程不能使其充分干燥，铝浆层无法转变为金属铝，同时造成浆料的浪费。影响铝浆厚度的因素主要有丝网密度、网线直径、乳胶层厚度、印刷头压力、印刷速度以及浆料的黏性。背电极在保证接触良好的前提下，尽可能窄和薄，以节省浆料。正电极为了减少遮光和降低接触电阻，要求电极尽可能窄的同时保证一定的横截面积。正电极质量的主要影响因素有浆料质量、栅线高宽比以及印刷时无断栅、无虚印、无毛边等。电极在烧结过程中，浆料和硅片经过高温共烧，形成欧姆接触，降低接触电阻，从而更好地收集光生电流。同时，烧结有利于 PECVD 工序中引入的-H 向硅片体内扩散，起到良好的体钝化作用。

烧结后的电池片要求减反射膜面颜色均匀、无污染；背电场无铝珠、铝刺；电池片弯曲不超过限定范围；烧结温度适宜，不存在温度过高导致的烧结不足(串联电阻过大)或温度过低导致的烧穿(并联电阻过小)现象。

4. 实验内容

丝网印刷的质量主要靠监测单片浆料消耗和目检电极外观来控制。

1) 单片浆料消耗检测

(1) 测量仪器：电子天平。

(2) 测量片数：(1 片/h)/道(随机抽取)。

(3) 测量方法：使用精密天平称量印刷硅片在各道印刷后的增重。出现印刷增重超出规定的情况，需再次称量同台面硅片增重。若在规定范围方可继续生产，生产在工艺参数范围内自行调试；在工艺参数范围无法调控时，通知工艺人员调试，增重在规定范围内方可重新开始生产。

(4) 注意事项：称量前需确定电子天平的水平和归零，取片称重时需戴手套；称量时硅片不可接触到电子天平的四壁。

2) 电极外观目检

每次印刷和烧结后，电极外观都要经过目检，常见的外观异常如图 6-23 和图 6-24 所示。

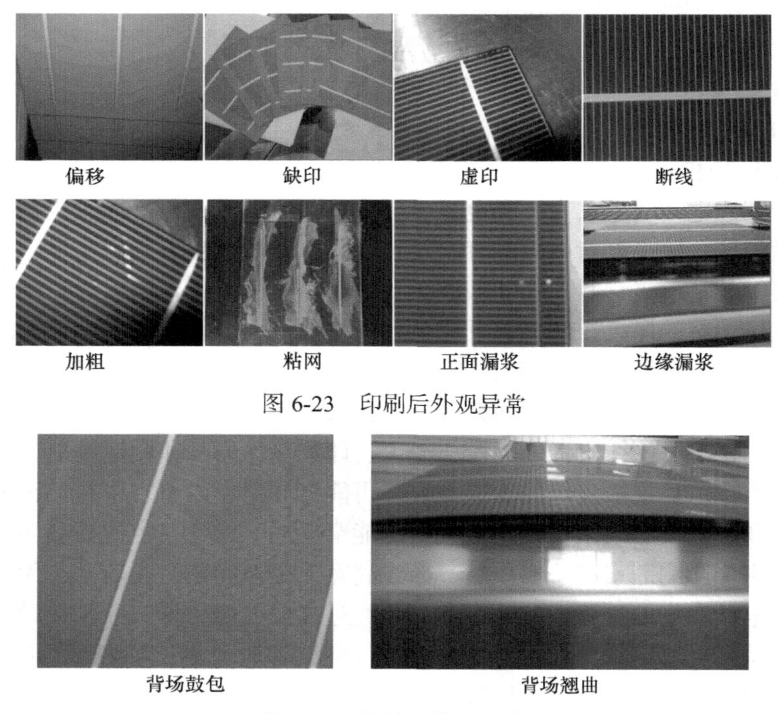

图 6-23　印刷后外观异常

图 6-24　烧结后外观异常

(1) 偏移：由网板位置和电池片位置之间的不匹配造成。

丝网印刷开线第一片或每次更换网板后都需要观察是否存在偏移现象。一号机判断偏移的方法为：印刷完成后继续印刷背电场，观察背电极与背电场接触区域完好，无露硅现象发生；二号机判断偏移的方法为：背电场边框距离硅片边缘的距离相等；三号机判断偏移的方法为：正电极边框距离硅片边缘的距离相等。

(2) 缺印：浆料不足，应及时补充浆料。

(3) 虚印：主要原因有印刷压力不足、板间距太大、刮刀条不平整等，虚印会导致烧结后电极与电池片接触不良，不能很好地收集光生电流。

(4) 断线(漏印)：主要由网板堵塞或电池片上粘有杂物造成，应及时擦拭网板或更换网板，并保持电池片洁净。

(5) 加粗：主要由网板异常、浆料过稀造成，应更换网板、缩短浆料搅拌时间。

(6) 粘网：印刷后网板抬起不及时，导致浆料粘到电池片上。

(7) 漏浆(正面漏浆、边缘漏浆)：网板破裂、老化，刮刀压力过大等会使浆料过量，漏到电池片或台面上。

(8) 背场鼓包：原因主要来自浆料和烘干烧结过程。浆料太薄以及使用前搅拌不充分都会导致背场鼓包。另外，烧结温度过高、烘干不充分、烧结排风不理想、烧结炉冷却效果不好也会导致背场鼓包。

(9) 背场翘曲：主要原因是铝浆湿度过大、烧结温度过高、烧结冷却效果不好。

6.2　光伏组件产线质量控制

实验 6.2.1　检测分级实验

1. 实验目的

(1) 了解检测分级的目的。

(2) 掌握 EL 自动测试仪的使用方法。

2. 实验设备

EL 自动测试仪等。

3. 实验原理

EL 自动测试仪全称为电致发光测试仪，是一种太阳能电池或电池组件的检测设备。常用于检测太阳能电池和组件的内部缺陷、隐裂、碎片、虚焊、断栅以及不同转换效率单片电池异常现象，是依据硅材料的电致发光原理对组件进行缺陷检测及生产工艺监控的专用测试设备。太阳能电池和组件 EL 自动测试仪基于晶体硅的电池发光原理，利用高分辨率的红外相机拍摄组件的近红外图像，获取并判定组件的缺陷，具有灵敏度高、检测速度快、结果直观形象等优点，是提升光伏组件品质的关键设备；红外检测可以全面发现太阳能电池内部问题，为改进生产工艺提供依据，提升产品质量，可以对问题组件进行及时返修，尽可能地减少损失。

4. 实验内容

(1) 检查测试仪电源是否处于接通状态，开启直流电源，并调至规定参数(目前规定是 125mm×125mm 电池片为 6A，156mm×156mm 电池片为 9A，电压一般不需要调动)。

(2) 打开测试仪的计算机操作页面，点击操作程序进入测试系统，双击桌面图标，打开相机软件。打开测试仪软件，单击“相机”按钮，发现相机，单击“连接”按钮即可，测试仪进入工作状态。

(3) 单体 EL：打开盒盖，放入电池片，并给组件接上电源接头，盖上盒盖。

流水线 EL：使用传输装置和相应的开关来控制组件的停留位置、组件的接触和盒盖等工作。

(4) 设置所要测试电池片保存的位置。

(5) 扫描条码或输入文件名，按“拍照”按钮拍摄图像。

(6) 拍摄完成，打开暗箱(流水线 EL：由自动控制程序控制)。

(7) 移开电源接头，更换电池组件，重复步骤(1)～步骤(7)。

备注：

(1) 每次开启相机进入测试状态，先输入产品条码。

(2) 系统设置时按照出厂值进行设置，可以小浮动调整。

(3) 图像处理，可以根据需求选择处理。

5. 实验注意事项

(1) 使用前确保电源连接正确。

(2) 对暗箱盖进行开和关的操作时应轻起慢放，避免卷起 TPT 背板和 EVA 胶。

(3) 使用 U 盘复制数据时，请先用计算机杀毒软件对 U 盘杀毒(计算机中请装入有效的杀毒软件)。

(4) 定期清除钢化玻璃上的灰尘。

6. 数据处理

实验数据记录表

序号	不符合要求的检验项目编号	偏差值	结论	备注
1				
2				
3				
4				
存在的问题及改进建议				

7. 思考题

(1) 检测分级的原理是什么?

(2) 标准测试条件是什么?

实验 6.2.2　太阳能电池电性能测试

1. 实验目的

掌握使用测试仪对电池片的转换效率和单片功率进行分选测试的方法。

2. 实验设备

外观合格的太阳能电池片、太阳能电池分选仪。

3. 实验原理

太阳能电池分选仪是专门用于单晶硅、多晶硅电池片分选的设备。

1) 原理介绍

通过模拟太阳光谱光源，对电池片的相关电学参数进行测量，根据测量结果将电池片进行分类。

2) 常用的分选仪具

专门的校正装置，对输入补偿参数进行自动、手动温度补偿和光强补偿，并具备自动测温与温度修正功能。

3) 分选仪特点

(1) 采用基于 Windows 的操作页面，测试软件人性化设计较好。

(2) 可记录并显示测试曲线(I-V 曲线、P 曲线)和测试参数(V_{oc}、I_{sc}、P_m、V_m、I_m、FF、E_{ff})。

(3) 每片电池片的测试序列号自动生成并保存到指定文件夹。

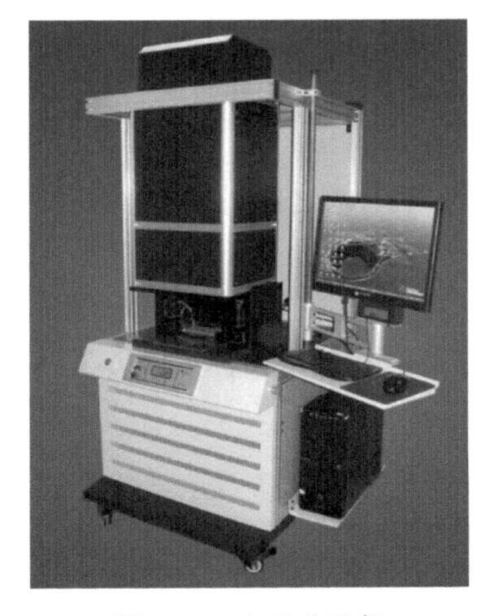

图 6-25　电池分选仪

(4) 单片分选仪也称太阳能电池分选仪或单片测试仪，如图 6-25 所示，专门用于太阳能单晶硅和多晶硅单体电池片的分选。可以通过模拟太阳光谱光源，对电池片的相关参数进行测量，根据测量结果将电池片进行分类。

4) 太阳能电池单片测试仪设备组成

(1) 太阳光模拟器。模拟正午太阳光，照射待测电池片，通过测试电路获取待测电池片的性能指标。

(2) 电子负载。连接待测电池片、标准电池和温度探头，获取待测电池片的电压、电流；通过标准电池获取光强信号；通过温度探头获取测试环境温度，并将这四组数据提供给采集卡做分析、处理。

(3) 控制电路。提供人机界面和控制接口，提供操作界面和参数设定。

光源部分即太阳光模拟器，包括控制电路、电容充电电路和氙灯高压电路，控制电路实现氙灯的闪灯控制和电容充电/放电控制；电容充电电路实现对超级电容的充电和过压保护，在程序控制下稳定电容电压；氙灯高压电路产生近 9kV 的高压，点亮氙灯。

电池分选仪的工作原理是：超级电容充电，将 220V 交流电做倍压处理后，通过充电控制电路输出到电容，控制板按照设定的电压值给电容充电，并实时检测电容电压，保证电容电压稳定。保护电路包括软件保护和硬件保护，两者同时作用，保证电容工作在允许的电压范围内。IGBT 控制，在氙灯的工作回路中接有 IGBT，用于控制氙灯工作。

IGBT 平时处于导通状态，即氙灯两端一直存在电压，一旦有高压产生则氙灯点亮，而控制电路根据太阳能电池实际测试情况控制关闭 IGBT，使氙灯熄灭。氙灯高压产生电路，利用电感的自感电动势产生近 9kV 的高压。极电流也相应增加，由于电路是串联关系，此时 C 极的电流可以看作待测电池片的输出电流，当 C 极电流等于待测电池片的短路电流时，通过监测待测电池片电压可知，此时待测电池片电压输出为零，整个测试过程完毕。结合待测电池片电压输出曲线和检测电阻的电流曲线，就可以绘制出该待测电池片的 *I-V* 特性曲线。

电池分选仪可测量的参数有开路电压、短路电流、最大功率、最大功率下的电压/电流、填充因子、效率和等效串联电阻。

5) 分选仪操作基本步骤(不同公司产品可能有所不同)

(1) 打开主电源、负载的开关、主控设备上的钥匙开关。

(2) 计算机，并运行模拟测试程序。

(3) 调整分选仪的探针的距离使之与所测试电池片刻槽之间的距离保持一致，让分选仪的氙灯空闪 5～10 次。

(4) 使用标准片校准分选仪，然后对电池片进行测试分选；测试分选电池片前，必须用标准电池片校准测试台。典型电池分选仪参数和技术指标见表 6-3。

6) 使用注意事项

(1) 测试时接触探针必须完全接触在电池的主栅线上。

(2) 测试台面要经常擦拭，以保证电池片与台面接触良好。

(3) 测试作业人员必须戴手套。

(4) 电池片要轻拿轻放，避免破损。

表 6-3　典型电池分选仪参数和技术指标

参数	技术指标	参数	技术指标
规格	SCT-B/-C	数据采集量	8000 对数据点
光强范围	70～120mW/cm^2	光强不均匀度	≤± 3%
测试系统	A/D 控制卡 显示 I-V 曲线和 P 曲线	测试参数	V_{oc}、I_{sc}、P_m、V_m、I_m FF、E_{ff}
测试尺寸	300mm×300mm	分选方式	半自动、全自动
测试时间	3s/片	模拟光源	脉冲氙灯

注：A/D：模拟信号/数字信号

将电池片按技术文件要求进行分档。

(1) 按转换效率分选：125mm×125mm 电池片的功率约 2.4W，156mm×156mm 电池片的功率约 3.4W。分选标准以 12V_{mp} 为起点，按(0.25±0.01)V_{mp}(V)进行分档，V_{mp} 为最大功率电压值。

(2) 按外观分选：检查电池片有无缺口、崩边、划痕、花斑、栅线印反、表面氧化。正极面检查有无暗裂纹、主栅线印刷不良情况。将不良品按功率分开放置并做好标记。

(3) 将外观分选合格的电池片根据目测按颜色进行分组，分为浅蓝色、深蓝色、暗红色、黑色、暗紫色。

(4) 操作电池片时使用专用夹具，不得裸手触及电池片。

(5) 缺边角的电池片根据质量分选标准进行取舍。

4. 实验内容

(1) 测试前使用标准电池片校准测试设备，误差不超过±0.01W。

(2) 测试有误差时，对测试设备进行调整，记录校准结果。

(3) 按需要分选电池片的批次规格标准选取被测电池片。

(4) 开启测试仪。按下电源开关，预热 2min，按下量程按钮。

(5) 用标准电池片将测试台的测试参数调到标准值，确认压缩空气压力正常。

(6) 将待测的电池片放到测试台上进行分选测试。电池片有栅线面向上放在测试台铜板上，调节铜电极的位置使之恰好压在电池片的主栅极上，保证电极接触良好。踩下脚阀进行测试，根据测得的电流值进行分档。

(7) 将分选出来的电池片按照测试的数值分为合格与不合格两类，并放在相应的盒子里标示清楚。合格电池片在检测后按每 0.05W 为一档分档放置。

(8) 测试完成后整理电池片，清点好数目并做相应的数据记录。

(9) 作业完毕，按操作规程关闭设备。

5. 实验注意事项

电池片放在空气中的时间不能过长，当天不生产的电池片或缺陷片要包装好入库。

6. 数据处理

实验数据记录表

序号	标称功率和转换效率	测得功率和转换效率	误差和结论	备注
1				
2				
3				
4				
总计	测片数量： 损坏数量： 测后良片数量：			
存在的问题及改进建议				

7. 思考题

(1) 为什么要注意电池片放在空气中的时间不能过长？

(2) 不同种类的太阳能电池如何区分？同样大小功率有何差别？

实验 6.2.3 组件中道检验工艺

1. 实验目的

(1) 了解中道检验的意义。

(2) 掌握中道检验的方法和步骤。

2. 实验设备

电性能测试仪。

3. 实验原理

中道检验即过程检验，是层压之前必需的一个步骤，目的在于防止不良组件进入下一流程。

4. 实验内容

1) 外观检验

(1) 串接条外观平直、不弯曲，单片间距均匀((2±0.2)mm)。

(2) 焊接牢固，无虚焊、漏焊。

(3) 单片无碎裂。

(4) EVA、TPT 的长宽尺寸分别比所用玻璃尺寸大(15±5)mm，长宽边基本垂直，外观无明显折痕，无垃圾污物等。

(5) 引出线的位置准确，正负极性正确，间距准确。

(6) 引出线之间的绝缘TPT与EVA条保证完好，离玻璃的边缘距离保证在3～4mm之间。

(7) 电池片与玻璃边缘距离相等，符合工艺要求(上下距离为(26±2)mm、左右距离为(21±2)mm)。

2) 性能检验

(1) 打开灯箱主光源，把拼接好的组件放在灯箱的中间位置。

(2) 正确连接组件的正负极性，按照电压电流表上的实际数据记录下测试数据。

(3) 根据所做的组件工艺要求检测照电压、电流是否在范围之内，如果超出工艺范围，退回串拼接流程进行修复。

(4) 经检验合格的组件，放在指定的周转架子上，等待层压。

5. 实验注意事项

(1) 在检验过程中，一定要轻拿轻放，以免弄碎电池片。

(2) 注意个人工作服的穿戴，一定要整洁，严格按照工艺要求进行穿戴，以免把异物带入组件内。

(3) 在检验过程中严格按照工艺文件的要求进行检验。

6. 数据处理

实验数据记录表

序号	外观检测结果	性能检测结果	结论
1			
2			
3			
4			

7. 思考题

中道检验的作用是什么?

实验 6.2.4　组件功率检测

1. 实验目的

对电池组件的输出功率进行检验，测试其输出特性，确定组件的质量等级。

2. 实验设备

组件模拟测试仪。

3. 实验原理

光伏组件模拟测试仪是测试组件性能的重要设备，专门用于太阳能单晶硅、多晶硅、非晶硅电池组件的电性能测试。它的基本工作原理是，当光照到被测电池上时，用电子负载控制太阳能电池中电流的变化，测出电池的伏安特性曲线上的电压和电流、温度和光的辐射强度，测试数据送入计算机处理并显示或打印出来。

组件测试仪的工作原理、测量的性能参数、操作步骤都和单体电池测试仪类似，只是所用的太阳光模拟器不同。

太阳光模拟器是用来模拟太阳光的设备，在光伏领域，太阳光模拟器配以电子负载、数据采集和计算等设备就可以用来测试光伏器件(包括太阳能电池片和太阳能电池组件)的电性能以及 *I-V* 曲线。可用的商业化太阳光模拟器主要有两类：一类是稳态模拟器，例如，滤光氙灯、双色滤光钨灯或改进的汞灯，这类模拟器适用于单体电池和小尺寸组件的测试。另一类是脉冲模拟器，由一个或者两个长弧氙灯组成，这类模拟器在大面积范围内辐射度均匀性好，能够更好地适应大尺寸组件的测试。另外，这类模拟器的被测电池热输入可以忽略，这样在测试时被测点与环境测试温度保持一致。

组件测试仪的硬件结构包括测试主机(含电子负载)、光源、计算机、同步高速 A/D 板卡、专用测量软件和标准电池(用于调整光强和校正光强均匀度)，如图 6-26 所示，图 6-27 是它的测试原理图。

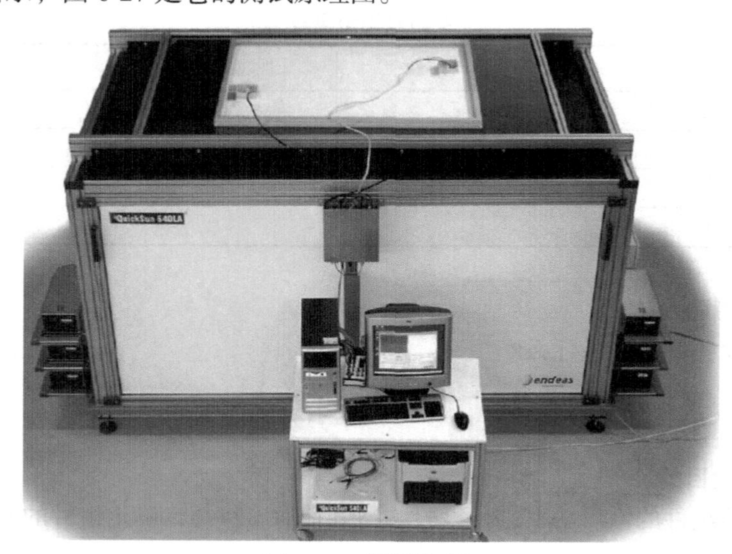

图 6-26　组件测试仪

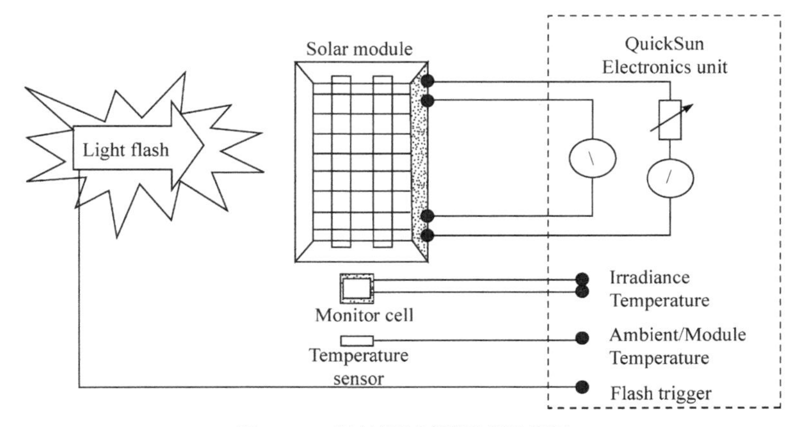

图 6-27　组件测试仪测试原理图

4. 实验内容

(1) 明确组件模拟测试仪的操作步骤。

① 打开主电源，打开负载的开关。

② 打开主控设备上的钥匙开关。

③ 按住主控设备上的切换状态开关，使测试仪的工作状态由 PAUSE 切换到 WORK。

④ 打开计算机，并运行模拟测试程序。

(2) 让测试仪的氙灯空闪 5～10 次。使用相应功率的标准组件进行校准测试，然后对电池组件进行测试。

(3) 记录数据并退出桌面应用程序，关闭计算机，关闭主控设备的钥匙开关，关闭模拟测试仪的负载开关。

5. 实验注意事项

(1) 测试电池组件前必须用标准电池组件校准测试台，测试后要整理电池组件，禁止功率不同的电池组件混合掺杂。

(2) 测试过程中，操作人员必须戴上手指套，禁止不戴手指套进行测试。

(3) 测试时要轻拿轻放，防止碰伤组件，并及时保存和填写数据。

6. 数据处理

自行记录数据。

7. 思考题

(1) 若模拟测试仪的氙灯与组件不对齐，有什么后果?

(2) 试论述组件测试的必要性。

6.3 组件终检

封装好的组件需要进行质量检测，保证产品合格，并给组件分档、分类包装入库。组件终检包括外观检查和性能测试，性能测试包括电绝缘性能测试、组件电性能测试、EL 测试、热循环实验、湿热-湿冷实验、机械载荷实验、冰雹实验和老化实验等。

终检是对封装好的组件进行最终检测，主要是电性能测试、电绝缘性能测试和 EL 测试。电绝缘性能测试包括绝缘耐压测试和接地电阻测试，绝缘耐压测试是测试组件边框与内部带电体(电池片、焊带等)之间在高压作用下是否会发生导通而造成危险；接地电阻测试是测试边框与地之间的电阻，以确定边框接地性能。EL 测试是用太阳能电池组件缺陷测试仪检测太阳能电池组件有无隐裂、碎片、虚焊、断栅及不同转换效率单片电池异常现象。电性能测试是用组件测试仪测量组件电性能参数，以此给组件分档，确定组件的等级，作为组件定价的标准。

实验 6.3.1　光伏组件外观检测

1. 实验目的

检查组件中的任何外观缺陷。

2. 实验设备

(1) 目测。

(2) 在不低于 1000lx 的照度下。

3. 实验内容

在测试条件下，仔细检查每一个组件的下列情况：

(1) 开裂、弯曲、不规整或损伤的外表面。

(2) 有裂纹的太阳能电池。

(3) 破碎的太阳能电池。

(4) 互联线或接头的缺陷。

(5) 太阳能电池相互接触或与边框接触。

(6) 引线连接失效。

(7) 在组件的边框和电池之间形成连续通道的气泡或剥层。

(8) 塑料材料表面有污物。

(9) 引出端失效，带电部件外露。

(10) 可能影响组件性能的其他任何情况。

(11) 任何裂纹、气泡或脱层等状态和位置要进行记录和拍照记录。这些缺陷在后续的实验中可能会加剧并对组件的性能产生不良影响。

4. 实验注意事项

合格判据：对定型来说，除无规定的严重外观缺陷外，其他的外观情况都是允许的。

5. 数据处理

外观检验记录表

序号	不符合要求的检验项目编号	偏差值	结论	备注
1				
2				
3				
4				
存在的问题及改进建议				

6. 思考题

光伏组件与光伏电池的外观检测有何相同之处？又有何不同之处？

实验 6.3.2　最大功率测定

1. 实验目的

测定组件在各种环境实验前的最大功率，可重复性是本实验最重要的因素。

2. 实验设备

(1) 符合 IEC 60904-9 的辐射源，自然光或 B 级及更好的模拟器。

(2) 符合 IEC 60904-2 或 IEC60904-6 的标准光伏器件。如果使用 B 级的模拟器和标准光伏组件，该组件应采用与测试样品同样的技术制造(有同样光谱响应)并且是同样尺寸。

(3) 一个支架，可以使测试样品与标准器件在与入射光线垂直的相同平面上。

(4) 一个监测测试样品与标准器件温度的装置，要求温度测试精度为±1℃，重复性为±0.5℃。

(5) 测试样品与标准器件电流的设备，精度为读数±0.2 %。

3. 实验内容

太阳光模拟器(图 6-28)是测试太阳能电池的评价指标短路电流 I_{sc}、开路电压 V_{oc}、填充因子 FF、光电转化效率 η 的设备。

太阳光模拟器主机主要由 1000W 氙灯光源、反射镜、光学积分器、快门、AM1.5 滤波片、准直透镜等几部分组成。

图 6-28　太阳光模拟器

(1) 设备对湿度要求特别高，开机之前必须有抽湿机将操作间内的湿度维持在 50%以下(注意：如果模拟器的光源使用时间长的需要用标准硅电池进行校准，需要设备负责人操作)。

(2) 打开模拟器主机开关，然后打开电源开关，按 Lamp Start 键打开光源，待设备稳定 15min 以后方可进行下一步操作。

(3) 打开测试计算机，然后打开吉时利(keithley)数字源表的开关，单击计算机桌面上的 PVIV 测试软件。

(4) 用电池测试夹具夹住组装的电池的两极，红黑两个夹子没有正负极之分，但要把各自的两个夹子都放在电极上。

(5) 单击 PVIV 测试软件中 Configure 按钮，然后逐步设置各项参数。在 Sample Area 项中输入电池的实际面积值，在 Rev. Bias 和 Forward Bias 选项中输入要施加的偏压值，两个值的大小要分别在 0 点的两侧，要涵盖开路电压的值。

(6) 参数设置之后单击“确认”按钮，然后单击软件中的 RUN 按钮，这时模拟器的快门自动打开，有光斑输出，测试结束时，软件右下方会给出该电池的各项性能指标值。

(7) 实验结束时先单击软件中的 EXIT 按钮退出软件，然后单击电源界面处的 Lamp Off 按钮关闭光源，接下来关闭吉时利数字源表的开关。

(8) 等模拟器主机的冷却风扇自动停止转动后方可关闭模拟器电压开关，然后关闭电源开关，最后切断总电源。

在辐照度和温度的一个特定组合的情况下，按照 IEC 60904-1 对组件的 *I-V* 特性进行测定。如果组件被设计用在其他环境下，测试时可选在相近的温度和辐照度下进行。

4. 数据处理

最大功率测试记录表

序号	实际最大功率	理论数据	结论	备注
1				
2				
3				
4				
存在的问题及改进建议				

实验 6.3.3　光伏组件绝缘测试

1. 实验目的

测定组件中的载流部分与组件边框或外部空间之间的绝缘是否良好。

2. 实验设备

(1) 一个直流电源，可限流，并可以提供 500V 或 1000V 加上 2 倍的组件最大系统电压。

(2) 一个测量绝缘电阻的设备。

(3) 测试过程中，组件应该在周围环境温度(见 IEC 60068-1)下，相对湿度不超过 75%。

3. 实验内容

1) 接线

将太阳能电池板接线盒伸出的正、负两根线用接线端子分别延长，再连接两条延长线的正、负极，该正、负极的连接处即一个电极 A；置一金属块(如铁块)在太阳能电池板旁边，作为另一个电极 B。在活动部分和可接触的导电部分，以及活动部分和暴露的不导电的表面间的绝缘性与间距应该能承受两倍于系统电压加上 1000V 的直流电压，并且两部分间的漏电电流不能超过 50μA。电压施加于两个电极之间。

注意：对于额定电压小于等于 30V 的电池板系统，施加电压为 500V。以稳定均匀的速率在 5s 的时间里逐步升到实验时所需的电压，并维持这一电压直到泄漏电流稳定至少 1min。

2) 测试项目：干绝缘测试、湿绝缘测试

(1) 干绝缘测试：用金属薄膜将太阳能电池板全部裹住，绝缘测试仪输出端接电极 A，回路端接电极 B，电压加至 3000V DC，观察测试仪上的漏电电流，漏电电流不超过 50μA。

(2) 湿绝缘测试。

① 太阳能电池板的正面绝缘测试：太阳能电池板正面朝下，水槽中的水刚好没过正面，浸水 10min；电极(铁块)放入太阳能电池板旁边的水中，绝缘测试仪的输出端接电极 A，回路端接电极 B；直流电压为 3000V，观察测试仪上的漏电电流，漏电电流大于标准值(绝缘标准为 40MΩ · m^2)。

② 太阳能电池板的背面绝缘测试：太阳能电池板正面朝下，倾斜 30°，背板内部盛少许水(不可沾湿接线盒)，用上述方法观察测试仪上的漏电电流，漏电电流大于标准值(绝缘标准为 40MΩ · m^2)。

③ 接线盒与背板黏合的绝缘测试：太阳能电池板正面朝下，背面槽内装水，浸湿背膜及接线盒底部硅胶黏合处，用上述方法测试漏电电流，漏电电流大于标准值(绝缘标准为 40MΩ · m^2)。

④ 接线盒的绝缘测试：用喷壶淋湿接线盒，尤其是二极管处，再用上述方法测试漏电电流，漏电电流大于标准值(绝缘标准为 40MΩ · m^2)。

⑤ 接线端子的绝缘测试：用喷壶淋湿接线端子，将接线端子平放于铝框上，再用上述方法测试(该方法是将接线端子用水淋湿，之后浸入电池板旁边的水中，浸泡一段时间之后再测量漏电电流)，漏电电流大于标准值(绝缘标准为 40MΩ · m^2)。

4. 实验注意事项

评判标准：

(1) 在测试过程中，无绝缘击穿或表面破裂现象。

(2) 总面积小于 0.1m^2 的组件，绝缘电阻应该不小于 400MΩ。

(3) 总面积大于 0.1m^2 的组件，绝缘电阻和面积的乘积应该不小于 40MΩ · m^2。

5. 数据处理

绝缘测试记录表

序号	不符合要求的检验项目编号	原因	结论	备注
1				
2				
3				
4				
存在的问题及改进建议				

6. 思考题

绝缘击穿的原因是什么?

实验 6.3.4　热循环实验

1. 实验目的

确定组件有承受由于温度反复变化而引起的热失配、疲劳和其他应力的能力。

2. 实验设备

(1) 自动温度控制实验箱，是使内部空气循环和避免在实验过程中水分凝结在组件表面的装置，而且可以容纳一个或多个组件进行如图 6-29 所示的热循环实验。

(2) 在实验箱中有安装和支撑组件的装置，并保证周围空气能自由循环。

(3) 测量和记录组件温度的设备，准确度为±1℃。

(4) 在整个实验过程中，如图 6-30 所示，需具备能够检测组件内部电路连续性的设备。

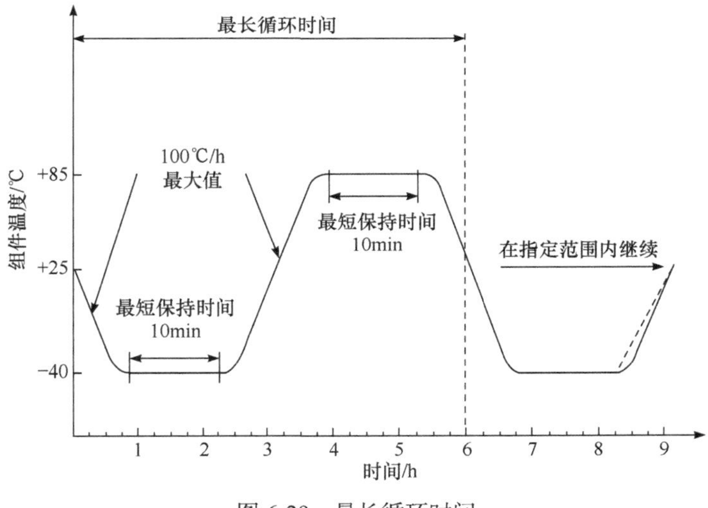

图 6-29　最长循环时间

3. 实验内容

光伏组件实验箱/光伏组件湿冻实验箱/光伏组件湿冻循环实验箱(图 6-30)主要用于光伏行业，对地面用晶体硅光伏组件、地面用薄膜光伏组件等一系列的光伏组件进行高温、低温、交变湿热度或恒定实验的温度环境变化后的参数及性能进行测试，或恒定湿热实验的温度环境变化后的参数及性能进行测试。

1) 技术参数

(1) 温度波动度：±0.5℃。

图 6-30　光伏组件实验箱

(2) 灯的中心距离：70mm。

(3) 照度：组件测试面均匀度为±15%。

(4) 控温方式：PID 自整定控温方式。

(5) 风速：0.5～1.0m/s。

(6) 灯管波长：280～320nm(UVA-313)，313～340nm(UVA-340)。

(7) 光源：美国进口 Q-Panel 生产的 UVA 和 UVB 型号，各 3 只。

(8) 标准配件：样品搁板 1 件、进口灯管 8 只、手携式辐照计 1 台。

(9) 总功率：4kW。

2) 操作流程

(1) 在室温下将组件安装在环境实验箱中。

(2) 将温度传感器连接到温度检测仪上。

(3) 关闭实验箱，将组件的温度在(–40±2)℃～(+80±2)℃之间循环。最高和最低温度之间温度变化的速率不超过 100℃/h，在每个极端温度下，应至少保持稳定 10min，一次循环时间不超过 6h，循环次数见测试流程。

(4) 在整个实验过程中，记录组件的温度并监测组件的电路的连续性。

4. 实验注意事项

合格依据：

(1) 没有规定的重大外观缺陷。

(2) 绝缘电阻满足初始要求。

(3) 最大输出功率的衰减不超过实验前测试值的 5%。

5. 数据处理

热循环测试记录表

序号	不符合要求的检验项目编号	原因	结论	备注
1				
2				
3				
4				
存在的问题及改进建议				

6. 思考题

(1) 热循环次数是多少？

(2) 一整个热循环测试要持续多少天？

实验 6.3.5　湿冻实验

1. 实验目的

确定组件承受高温、高湿之后以及随后的零下低温影响的能力。

2. 实验设备

(1) 一个能自动控制温度和湿度的实验箱，能够容纳一个或多个组件进行规定的湿冻实验。

(2) 在实验箱中有安装和支撑组件的装置，并保证周围空气能自由循环。

(3) 测试和记录组件温度的设备，准确度为±1℃。如果多个组件同时进行实验，只需监测一个代表组件的温度。

(4) 整个实验过程如图 6-31 所示，需具备能够检测组件内部电路连续性的设备。

3. 实验内容

(1) 将温度传感器置于组件中部的前或后表面。

(2) 在室温下将组件装入实验箱。

(3) 将温度传感器接到温度监测仪上。

(4) 关闭实验箱，使组件完成如图 6-31 所示的 10 次循环。最高和最低温度应在所设定值的±2℃以内，相对湿度应保持在所设定值的±5%以内。

(5) 在整个实验过程中，记录组件的温度并对组件内电路的连续性进行监测。

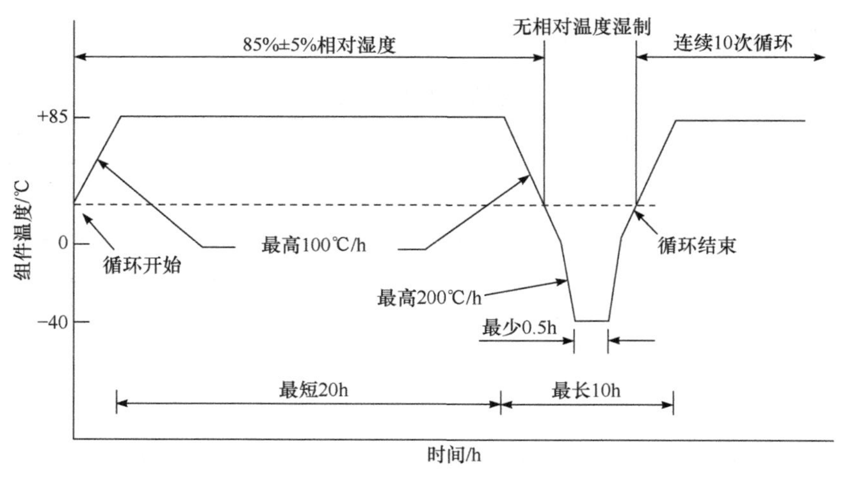

图 6-31　循环时间

4. 实验注意事项

合格判据：

(1) 没有定义的重大外观缺陷。

(2) 绝缘电阻满足初始要求。

(3) 最大输出功率的衰减不超过实验前测试值的 5%。

5. 数据处理

湿冻实验检验记录表

序号	不符合要求的检验项目编号	原因	结论	备注
1				
2				
3				
4				
存在的问题及改进建议				

实验 6.3.6　湿热实验

1. 实验目的

测试组件承受长期湿气渗透的能力。

2. 实验设备

高温、高湿冷冻循环实验箱。

3. 实验内容

组件处于室温情况下放入实验箱，不需要任何预处理。在下列严酷条件下进行实验：

(1) 测试温度：(+85±2)℃。

(2) 相对湿度：85%±5%。

(3) 测试时间：1000h。

4. 实验注意事项

合格判据：

(1) 没有定义的重大外观缺陷。

(2) 绝缘电阻满足初始要求。

(3) 湿漏电流测试应该满足初始要求。

5. 数据处理

湿热实验检验记录表

序号	不符合要求的检验项目编号	原因	结论	备注
1				
2				
3				
4				
存在的问题及改进建议				

实验 6.3.7　引出端强度实验

1. 实验目的

确定引出端及其与组件的附着能否承受在正常安装和操作过程中所受到的力。

2. 实验设备

电池的固定装置、拉力计、砝码。

3. 实验内容

预处理：在标准大气条件下进行 1h 的测量和实验。

(1) 拉力实验：所有引出端均应进行实验；拉力不应超过组件的重量。

(2) 弯曲实验：所有引出端均应进行实验；在相反方向弯曲二次或多次并进行 10 次循环。

(3) 拉力和弯曲实验：对于引出端暴露在外的组件，所有引出端均应进行实验。

如果引出端封闭于保护盒内，则应采取如下程序：将组件制造商推荐型号和尺寸的缆线切成合适的长度，根据制造商推荐的方法与盒内引出端连接，利用所提供的电缆钳将电缆自密封套的小孔穿出。

4. 实验注意事项

(1) 没有定义的重大外观缺陷。

(2) 绝缘电阻满足初始实验时的要求。

5. 数据处理

引出端强度检验记录表

序号	不符合要求的检验项目编号	原因	结论	备注
1				
2				
3				
4				
存在的问题及改进建议				

6. 思考题

引出端强度与哪些因素有关？

实验 6.3.8　湿漏电极实验

1. 实验目的

评价组件在潮湿工作条件下的绝缘性能，验证雨、雾、露水或融雪的潮气不能进入组件的工作部分。潮气进入可能会引起腐蚀、漏电或安全事故。

2. 实验设备

(1) 一个浅槽或容器，其尺寸应足够大，能够将组件及边框水平放入其中的溶液中。

(2) 带有相同溶液的喷淋装置。

(3) 可提供 500V 和组件系统电压中较大值、有电流限制的直流源。

(4) 测量绝缘电阻的设备。

3. 实验内容

(1) 将组件浸入水槽的溶液中到一定深度，使溶液有效地覆盖所有表面。除非是为浸泡而设计的接线盒，否则不要浸没接线盒入口。

(2) 将组件输出端短路并连接到测试设备的正极，使用适当的金属导体将实验溶液与测试设备的负极相连。

(3) 以不大于 500V/s 的速度增加绝缘测试仪的电压，直至等于 500V 和组件系统电压中的较大值。保持电压 1min，测量绝缘电阻。

(4) 降低所应用的电压至零，短路设备的输出端以释放组件内部的电压。

4. 实验注意事项

合格判据：

(1) 面积小于 $0.1m^2$ 的组件，其绝缘电阻不小于 400MΩ。

(2) 面积大于 $0.1m^2$ 的组件，其绝缘电阻乘以组件面积应不小于 $40M\Omega \cdot m^2$。

5. 数据处理

湿漏电流检验记录表

序号	不符合要求的检验项目编号	原因	结论	备注
1				
2				
3				
4				
存在的问题及改进建议				

6. 思考题

(1) 湿漏电流产生的原因有哪些？

(2) 湿漏电流会带来哪些安全隐患？

实验 6.3.9　机械载荷实验

1. 实验目的

确定组件经受风、雪或覆冰等静态载荷的能力。

2. 实验设备

光伏组件机械载荷实验机，如图 6-32 所示。

图 6-32　光伏组件机械载荷实验机

1) 系统组成

(1) 实验平台：采用铝型材(刚性强度好)+自由度控制气缸。

(2) 施压系统：采用真空吸盘+双向气缸对组件施压。

(3) 控制系统：采用 PLC+HIMI 控制施压过程。

(4) 组件内部监测：合适的电子负载。

2) 详细分析

(1) JR-JXZH 机械载荷实验机为模块化设计各部件拆装调整方便，主体采用铝型材制作，表面按工业标准进行阳极氧化处理，显现天然的沙纹金属色泽，保证设备在进行加载测试时不发生形变。

(2) 组件经受风、雪或覆冰等静态载荷在 JR-JXZH 机械载荷实验机中是以气缸带动真空吸盘均匀地下压或提升模拟的。气动部件分为 4 组 32 件，可方便地调节位置，使压力可以均匀地分布到尺寸不同的组件上。加到组件上的压力可由调压阀调节，可调节范围为 1465Pa、2400Pa、5400Pa，经压力变送器检测并在操作盘上直接显示压力值。组件的安装采用气动夹具，方便快捷。

(3) 上料和下料采用气垫浮台机构，可以轻松地上料、下料、摆正组件。并且不会划伤组件。逻辑控制采用 PLC 作为核心部件，控制器件完成实验流程。可方便地扩展上位监控平台。

3) 光伏组件机械载荷实验机的技术参数

(1) 大测试组件尺寸：长 3000mm×宽 2200mm。

(2) 外形尺寸：长 3500mm×宽 2500mm×高 1800mm。

(3) 压力范围：反向载荷 0～2400kPa、正向载荷 0～5400kPa。

(4) 气源要求：6～8 bar。

(5) 电源要求：AC 220V，50Hz，10A。

(6) 载荷形式：正向框架外部结构，SECC 钢板加粉底烤漆及钢架(或者铝合金框架)。

(7) 托架结构：用户提供组件安装图纸。

(8) 单组大压力>6bar。

(9) 单组出力>190kg。

(10) 大行程：150mm。

(11) 缸数：分三组共 6 个。

(12) 吸盘直径：120mm。

(13) 校正器：350kg×4。

(14) 电源需求：单项 AC 110V/5V。

(15) 气压源需求：5～8kg/cm^2。

3. 实验内容

(1) 装备好组件以便于实验过程中连续监测其内部电路的连续性，将待实验的组件安装于支架上。

(2) 在组件前表面逐渐加大负荷到 2400Pa，使其均匀分布，保持此负荷 1h。

(3) 在背表面重复上述步骤。

(4) 再次在组件前表面逐渐加大负荷到 5400Pa，使其均匀分布，保持此负荷 1h，观察铝合金边框的变形情况。

4. 实验注意事项

合格判据：

(1) 在实验中组件无间歇断路现象。

(2) 实验后组件无破碎、开裂或表面脱附。

(3) 没有丧失机械完整性，导致组件的安装或工作受到影响。

(4) 实验后组件在标准测试条件下最大输出功率的衰减不超过实验前测试值的 5%。

(5) 绝缘电阻应满足初始实验的同样要求。

(6) 对于面积小于 0.1m^2 的组件，绝缘电阻不小于 400MΩ。

(7) 对于面积大于 0.1m^2 的组件，测试绝缘电阻乘以组件面积应不小于 $40\text{M}\Omega\cdot\text{m}^2$。

5. 数据处理

机械载荷实验检验记录表

序号	不符合要求的检验项目编号	原因	结论	备注
1				
2				
3				
4				
存在的问题及改进建议				

6. 思考题

机械载荷实验有哪些注意事项？

实验 6.3.10　冰雹冲击实验

1. 实验目的

由于潮气进入可能会引起腐蚀、漏电或安全事故，为了检测电池对恶劣天气的抵抗力，本实验测试组件在冰雹冲击情况下的性能，从而评价组件在潮湿工作条件下的绝缘性能。

2. 实验设备

冰雹冲击实验机，如图 6-33 所示。

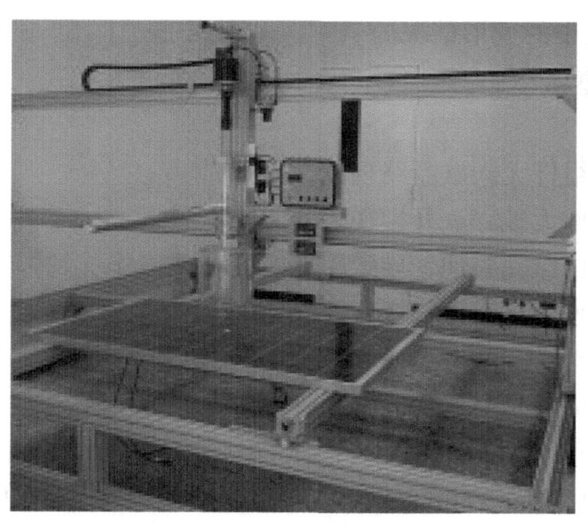

图 6-33　冰雹冲击实验机

(1) 气动发射装置：动力源为空气，需要一个储气装置来储存空气以调节压力，通过调节空气压力来调节发射管中冰球发射的速度。整个装置包括高压气源、调压设备(调压阀和气缸)、气管和电磁阀。

(2) 机械移动装置：微机控制机械传动装置来改变枪管移动位置，用红外线定点来瞄准。其中，机械移动使用步进电机传动方式来实现，步进电机具有定位快速、准确的优点，能在极短时间内完成定位要求，定位精度小于 1mm，累计误差小于 5mm，远远小于 IEC 标准所要求的指定位置偏差不大于 10mm 的要求，保证实验的可靠性。

(3) 样品固定架：根据样品尺寸来设计机械移动装置和样品固定架。标准尺寸为 2000mm×1350mm(长×高)，能覆盖 2000mm×1350mm 尺寸内被测组件的有效面。

(4) 速度测试装置：架于发射管之前，两个光电传感器中间距离 50cm，用 $v=s/t$ 来得到速度，实时显示，等下一次样品测速时改变。模拟冰雹撞击光伏组件中冰雹的速度可由星乔公司提供的设备测试，该装置包括检测传感器、高速响应模块和软件模块三部分。系统由星乔厂家提供的稳定的光电传感器和可编程控制器来实现，并提供 HMI 界面作为操作终端，配合外接打印机形成实验数据报表。

2) 冰雹冲击实验机分项介绍

(1) 冰球模具：标准直径为 25mm。可以根据用户需求提供一模多穴或一模一穴的冰球模具，配合实验室其他设备，如高低温实验箱，制作冰球。

(2) 电气控制：计算机控制步进驱动器和发射装置，实验数据反馈回设备控制器，人机界面作为操作终端，配合外接打印机形成实验数据报表。

3) 冰雹冲击实验机技术参数

(1) 标准冰球直径：25mm 系列。

(2) 标准冰球质量：7.53(1±2%)g 系列。

(3) 标准冰球速度：23.0(1±2%)m/s 系列。

3. 实验原理

空压机将空气压缩至储气罐，外接压力表及 25mm 内径的枪管，连接处安装一个气阀，由大电磁阀控制开启。枪管前端安装光电测速装置。调节压力表，使冰球达到标准要求的冲击速度。制作内径为 25mm 的冰球模具。将制成的冰球置于枪管内，开启电磁阀，压缩空气推动冰球以 23m/s 的速度撞击光伏组件。经外观检查、大功率测试、绝缘电阻测试后，判别组件质量是否合格。

4. 实验内容

(1) 冰球从不同角度以一定动量撞击组件，撞击位置如图 6-34 所示。

撞击编号	位置
1	组件窗口一角，距边框50mm以内
2	组件一边，距边框12mm以内
3,4	单体电池边沿上，靠近电极焊点
5,6	在组件窗口上，距组件在支架上的安装点12mm以内
7,8	电池间最小空间上的点
9,10	在组件窗口上，距第7次和第8次撞击位置最远的点
11	对冰雹撞击最易损坏的任意点

图 6-34　撞击位置

(2) 检测组件产生的外观缺陷、电性能衰减率，以确定组件抗冰雹撞击的能力。

5. 实验注意事项

合格判据：组件无严重外观缺陷，最大输出功率衰减不超过之前测试的 5%。

6. 数据处理

冰雹冲击实验检验记录表

序号	不符合要求的检验项目编号	原因	结论	备注
1				
2				
3				
4				
存在的问题及改进建议				

7. 思考题

(1) 冰球应该满足哪些要求？

(2) 撞击点选择的规则应该是什么？

6.4　光伏电池特性测试

实验 6.4.1　光伏电池特性测量

1. 实验目的

(1) 了解太阳能电池的工作原理和使用方法。

(2) 掌握开路电压和短路电流及与相对光强的函数关系的测试方法。

(3) 掌握太阳能电池特性及其测试方法。

2. 实验设备

(1) 太阳能电池综合实验仪(含结构件) 一套。

(2) 连接导线若干。

3. 实验原理

太阳能电池能够吸收光的能量，并将所吸收的光子的能量转化为电能。在没有光照时，可将太阳能电池视为一个二极管，其正向偏压U与通过的电流I的关系为

$$I = I_0\left(e^{\frac{qU}{nKT}} - 1\right) \tag{6-14}$$

其中，I_0为二极管的反向饱和电流；n为理想二极管参数，理论值为 1；K为玻尔兹曼常量；q为电子的电荷量；T为热力学温度。

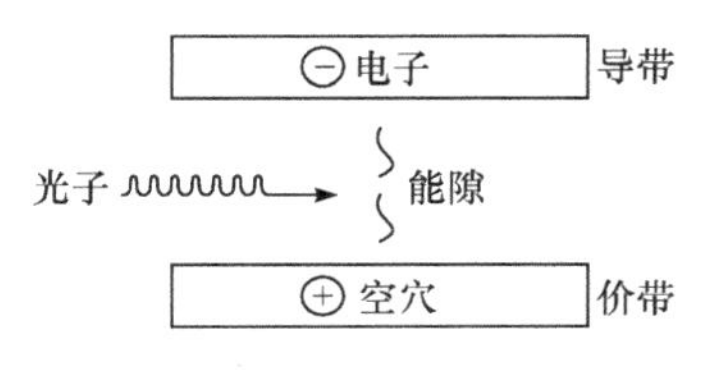

图 6-35　光电流示意图

由半导体理论可知，二极管主要是由如图 6-35 所示的能隙为$E_C - E_V$的半导体所构成。E_C为半导体的导带，E_V为半导体的价带。当入射光子能量大于能隙时，光子被半导体所吸收，并产生电子-空穴对。电子-空穴对受到二极管内电场的影响而产生光生电动势，这一现象称为光伏效应。

太阳能电池的基本技术参数除短路电流I_{sc}和开路电压U_{oc}外，还有最大输出功率P_{max}和填充因子 FF。最大输出功率P_{max}也就是IU的最大值。填充因子 FF 定义为

$$FF = \frac{P_{max}}{I_{sc}U_{oc}} \tag{6-15}$$

FF 是代表太阳能电池性能优劣的一个重要参数。FF 值越大，说明太阳能电池对光的利用率越高。

4. 实验内容

1) 在没有光源(全黑)的条件下，测量太阳能电池正向偏压时的I-U特性(直流偏压调节范围：0～3V)

(1) 设计测量电路图，如图 6-36 所示，并用前罩板将太阳能电池板盖住。

(2) 利用测得的正向偏压时I-U的关系数据，画出I-U曲线并求出常数$\beta = \dfrac{q}{nKT}$和I_0的值。

2) 开路电压测试

(1) 检查实验仪是否断电，在断电情况下进行实验。

(2) 移动太阳能电池板，将其置于离灯(模拟太阳光源)15～20cm 处。

(3) 用 2#连接导线直接将太阳能电池板与电压表连接(红-正，黑-负)，连接如图 6-37 所示。

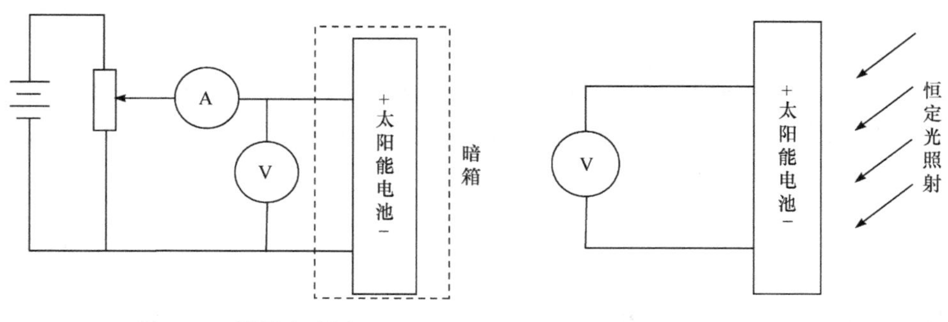

图 6-36　测量电路图　　　　图 6-37　开路电压测试

(4) 开启实验仪电源，列表记录电压值，重复测量 5 次。

(5) 关闭实验仪电源，拆除实验连线，还原实验仪。

3) 短路电流测试

(1) 检查实验仪是否断电，在断电情况下进行实验。

(2) 移动太阳能电池板，将其置于距离灯(模拟太阳光源)15～20cm 处。

(3) 用 2#连接导线直接将太阳能电池板与电流表连接(红-正，黑-负)，连接如图 6-38 所示。

(4) 开启实验仪电源，列表记录电流值，重复测量 5 次。

(5) 关闭实验仪电源，拆除实验连线，还原实验仪。

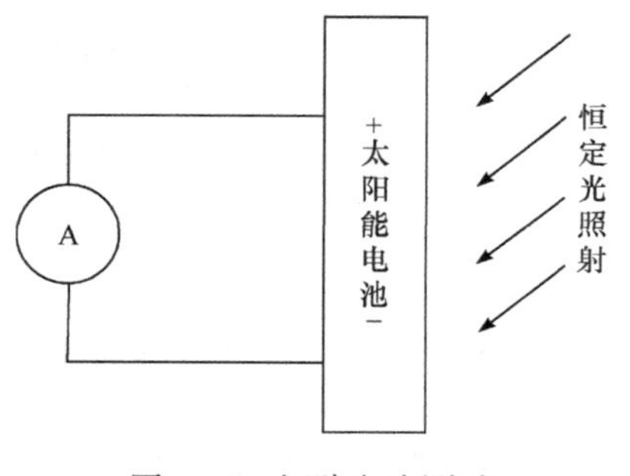

图 6-38　短路电流测试

4) 开路电压和短路电流及与相对光强的函数关系的测试

(1) 检查实验仪是否断电，在断电情况下进行实验。

(2) 移动太阳能电池板，将其置于离灯(模拟太阳光源)15～20cm 处。

(3) 用 2#连接导线直接将太阳能电池板与电压表及电流表连接(红-正，黑-负)，分别用于测量开路电压和短路电流。

(4) 开启实验仪电源，移动太阳能电池板，测量不同位置的开路电压、短路电流，同时将太阳能电池板移走，然后将照度表探头放置在太阳能电池板初始位置，测量其光照度并记录。

(5) 列表记录电压值及电流值，间距为 2～5cm，由近至远移动太阳能电池板，测量 20 次。

(6) 关闭实验仪电源，拆除实验连线，还原实验仪。

5) 伏安特性的测试与最大输出功率的测试及转换效率的测试

(1) 检查实验仪是否断电，在断电情况下进行实验。

(2) 移动太阳能电池板，将其置于离灯(模拟太阳光源)15～20cm 处。

(3) 用 2#连接导线直接将太阳能电池板与电压表及电流表连接(红-正，黑-负)，连接如图 6-39 所示。

(4) 开启实验仪电源，调节负载电阻，列表记录对应的电压值及电流值。

(5) 完成步骤(4)后，移走太阳能电池板，然后将照度表探头放置在太阳能电池板初始位置，测量其光照度并记录，重复步骤(4)、(5)，进行多次测量。

(6) 关闭实验仪电源，拆除实验连线，还原实验仪。

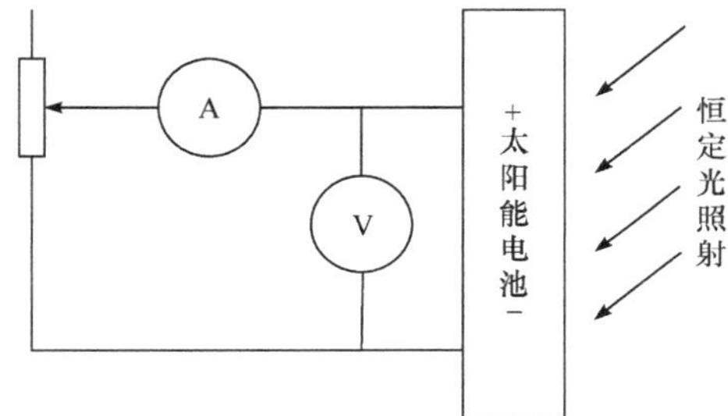

图 6-39　最大输出功率测试

6) 负载特性的测试

(1) 检查实验仪是否断电，在断电情况下进行实验。

(2) 移动太阳能电池板，将其置于离灯(模拟太阳光源)15～20cm 处。

(3) 开启实验仪电源，调节负载电阻，列表记录对应的电压值及负载。

(4) 关闭实验仪电源，拆除实验连线，还原实验仪。

7) 选做

在太阳光照条件下重复上述实验，对比太阳光照条件与灯照条件下的实验结果，分析结果的差异原因。

5. 实验注意事项

(1) 灯点亮时，温度较高，小心烫伤，光强较强，不要直视。

(2) 实验过程中严禁用导体接触实验仪裸露元器件及其引脚。

(3) 实验操作中不要带电插拔导线，应该在熟悉原理后，按照电路图连接，检查无误后，方可打开电源进行实验。

(4) 若照度计、电流表或电压表显示为“1__”，说明超出量程，选择合适的量程再测量。

(5) 严禁将任何电源对地短路。

6. 数据处理

(1) 记录数据列表如表 6-4 所示，计算开路电压及短路电流的平均值。

表 6-4　开路电压及短路电流测试

次数	1	2	3	4	5	平均值
开路电压/V						
短路电流/mA						

(2) 开路电压和短路电流及与相对光强的函数关系的数据记录列表如表 6-5 所示，画出开路电压-照度曲线及短路电流-照度曲线。

表 6-5　开路电压和短路电流及与相对光强的函数关系的测试

位置/cm	10	15	20	25	30	…					90	95	100
照度/lx													
开路电压/V													
短路电流/mA													

(3) 记录伏安特性的测试数据列表如表 6-6 所示，画出 I-U 曲线图，求短路电流 I_{sc} 和开路电压 U_{oc} 、太阳能电池的最大输出功率及最大输出功率时的负载电阻、填充因子$\left(\mathrm{FF}=\dfrac{P_{\max}}{I_{sc}U_{oc}}\right)$。已知有效面积约为 700cm^2，太阳能转换效率=太阳能电池最大输出功率/太阳能电池板接收的光能量，光能量=太阳能电池板接收的光照度×有效面积，求太阳能转换效率。

表 6-6　伏安特性的测试

照度/lx													
电压/V													
电流/mA													

(4) 记录负载特性的测试数据如表 6-7 所示，测量电池在不同负载电阻下，U 对 R 的变化关系，画出 U-R 曲线图。

表 6-7　负载特性测试

负载/Ω												
电压/V												

7. 思考题

(1) 实际应用中，怎样提高太阳能电池的输出功率？

(2) 想想太阳能电池的转换效率与哪些因素有关，怎样提高其转换效率？

(3) 思考在太阳光照条件下,太阳能电池的转换效率与灯照条件下有什么不同。

实验 6.4.2　光伏电池供电实验

1. 实验目的

(1) 了解太阳能光伏发电的基本工作原理，掌握其使用方法。

(2) 掌握太阳能光伏发电系统并网的基本结构。

(3) 掌握太阳能光伏发电系统离网的基本结构。

2. 实验设备

(1) 太阳能电池综合实验仪 1 台。

(2) 太阳能电池综合实验仪配件箱 1 台。

(3) 2#台阶连接线若干。

3. 实验原理

1) 太阳能电池光伏发电原理

太阳能发电方式有两种：一种是光-热-电转换方式；另一种是光-电直接转换方式。光-电直接转换方式是利用光电效应，将太阳辐射能直接转换成电能，光-电转换的基本装置就是太阳能电池。

太阳能电池(图 6-40)是一个半导体光电二极管，当太阳光照在半导体 P-N 结上，形成新的空穴-电子对，在半导体内部 P-N 结附近生成的载流子没有发生复合而到达空间电荷区，受内建电场的吸引，电子流入 N 区，空穴流入 P 区，结果使 N 区储存了过剩的电子，P 区有过剩的空穴，它们在 P-N 结附近形成与势垒方向相反的光生电场，光生电场除了部分抵消势垒电场的作用外，还使 P 区带正电，N 区带负电，在 N 区和 P 区之间的薄层就产生电动势，这就是光生伏特效应，是太阳能电池的工作原理，如图 6-41 所示。此时，如果将外电路短路，则外电路中就有与入射光能量成正比的光电流流过，称为短路电流。若将 P-N 结两端开路，此时测得 P-N 结两端的电压称为开路电压。许多个电池串联或并联起来就可以成为有比较大的输出功率的太阳能电池方阵。

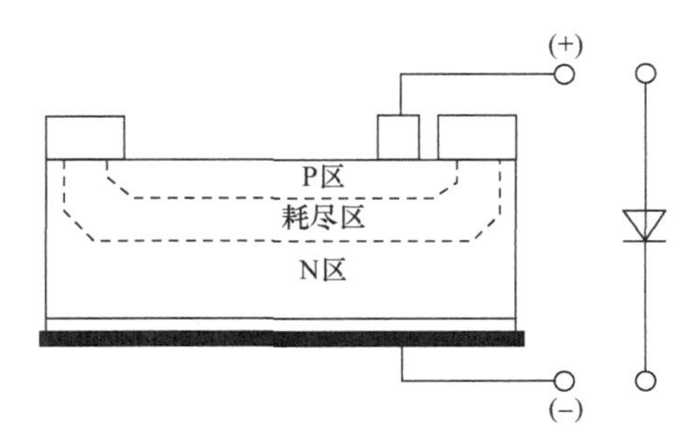

图 6-40　太阳能电池结构示意图

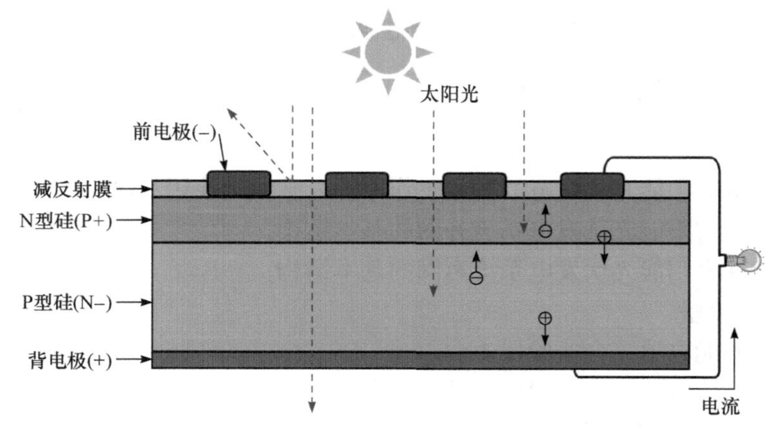

图 6-41　太阳能电池工作原理示意图

太阳能电池是一种大有前途的新型电源，具有永久性、清洁性和灵活性三大优点。太阳能电池寿命长，只要太阳存在，太阳能电池就可以一次投资而长期使用；与火力发电、核能发电相比，太阳能电池不会引起环境污染；太阳能电池可以大中小并举，大到百万千瓦级的中型电站，小到只供一户用的太阳能电池组，这是其他电源无法比拟的。

2) 太阳能离网发电系统

太阳能离网发电系统可以直接为直流负载供电，也可以通过逆变器将直流变成交流后供给交流负载，当夜间、阴雨天等太阳能电池无力或出力不足时，由蓄电池向负载供电。该系统独立于公共电网运行，当电网停电时，系统照常工作。

太阳能离网发电系统(图 6-42)包括：

(1) 太阳能电池组件通过光生伏特效应将太阳能转换为电能。

(2) 太阳能控制器(光伏控制器)对所发的电能进行调节和控制，一方面把调整后的能量送往直流负载或交流负载，另一方面把多余的能量送往蓄电池组储存，当所发的电不能满足负载需要时，太阳能控制器又把蓄电池的电能送往负载。蓄电池充满电后，控制器要控制蓄电池不被过充。当蓄电池所储存的电能消耗完时，太阳能控制器要控制蓄电池不被过放电，保护蓄电池。控制器的性能不好时，对蓄电池的使用寿命影响很大，并最终影响系统的可靠性。

(3) 蓄电池组的任务是储能，以便在夜间或阴雨天保证负载用电。

(4) 太阳能逆变器光伏逆变器负责把直流电转换为交流电，供交流负荷使用。太阳能逆变器是光伏风力发电系统的核心部件。由于使用地区相对落后、偏僻，维护困难，为了提高光伏风力发电系统的整体性能，保证电站的长期稳定运行，对逆变器的可靠性提出了很高的要求。另外，由于新能源发电成本较高，太阳能逆变器的高效运行也显得非常重要。

太阳能离网发电系统主要产品分类：太阳能电池组件、光伏控制器、光伏逆变器、蓄电池组、光伏发电控制与逆变器一体化电源。

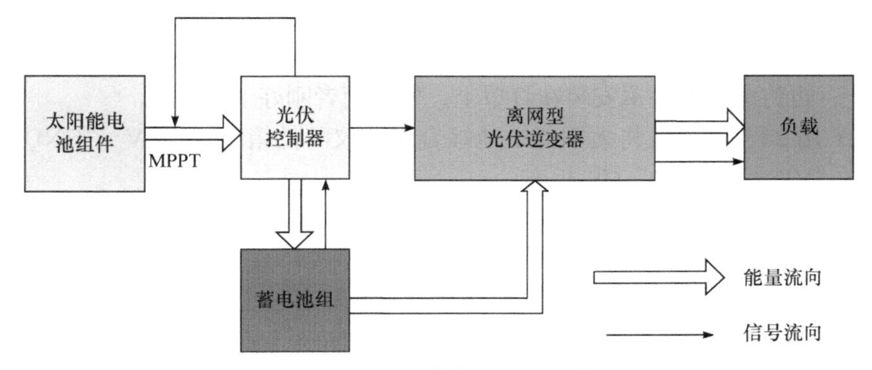

图 6-42　太阳能离网发电系统

3) 太阳能并网发电系统

太阳能并网发电系统是将光伏阵列转化的能源不经过蓄电池储能，而是通过并网逆变器直接反向馈入电网的发电系统。因为直接将电能输入电网，免除配置蓄电池，省掉了蓄电池储能和释放的过程，可以充分利用可再生能源所发出的电力，减少能量损耗，降低系统成本。并网发电系统能够并行使用市电和可再生能源作为本地交流负载的电源，降低整个系统的负载缺电率。同时，可再生能源并网系统可以对公用电网起到调峰作用。并网发电系统是太阳能风力发电的发展方向，代表了 21 世纪最具吸引力的能源利用技术。

太阳能并网发电系统的主要产品分类：光伏并网逆变器、小型风机并网逆变器、大型风机变流器(双馈变流器、全功率变流器)，其工作原理如图 6-43 所示。

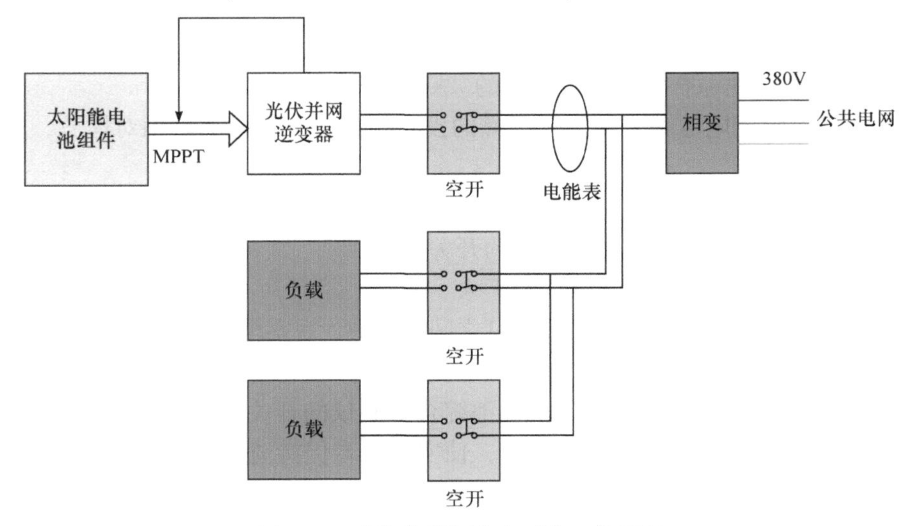

图 6-43　太阳能并网发电系统工作原理

4. 实验内容

1) 太阳能电池简易供电实验

(1) 结构件组装：将太阳能电池综合实验仪配件箱的灯罩垂直罩在太阳能电池板上；再将卤素灯头罩安装在灯罩上，使得两者刚好卡在一起。

(2) 用 2#台阶连线将太阳能电池综合实验仪配件箱的“+12V”“GND”(J4)分别与“VIN+”“GND”(J8)相连。

(3) 用 2#台阶连线将太阳能电池综合实验仪配件箱的“可调电压”“GND”(J22)分别与灯头罩上的“+”“–”台阶插座相连。

(4) 将太阳能电池综合实验仪配件箱的“太阳能电池 1”与“太阳能电池 2”串联起来。用 2#台阶连线将“太阳能电池 1”的“+”与太阳能电池综合实验仪中的 LED-R 发光二极管的“A”极相连，将“太阳能电池 2”的“–”与太阳能电池综合实验仪中的 LED-R 发光二极管的“K”极相连。

(5) 打开太阳能电池综合实验仪配件箱的开关。

(6) 调节太阳能电池综合实验仪配件箱的可调电压旋钮，调节卤素灯的光强。

(7) 观察发光二极管的亮度与卤素灯亮度的关系。

(8) 关闭太阳能电池综合实验仪配件箱的开关，拆下 2#台阶连线，将结构件拆开归位。

2) 太阳能电池稳定供电实验

(1) 用 2#台阶连线将太阳能电池综合实验仪组件太阳能电池板的“+”“–”分别与太阳能电池综合实验仪蓄电池控制器单元的太阳能电池板“+”“–”相连。

(2) 用 2#台阶连线将太阳能电池综合实验仪蓄电池控制器单元的蓄电池“+”“–”分别与太阳能电池综合实验仪配件箱的“VIN”与“GND”(J8)相连。

(3) 用 2#台阶连线将太阳能电池综合实验仪配件箱的“+5V”与“GND”(J11)分别与太阳能电池综合实验仪电压表的“+”“–”相连。

(4) 将太阳能电池综合实验仪组件的投光灯与太阳能电池板相对摆放，距离可自己调整。

(5) 插上投光灯电源，打开投光灯开关。

(6) 打开太阳能电池综合实验仪的开关。

(7) 观察电压表的读数，并记录下来。

(8) 远近调节太阳能电池与投光灯之间的距离，观察电压表读数是否有变化。

(9) 根据连线画出太阳能电池的供电流程示意图。

(10) 断开投光灯电源及太阳能电池综合实验仪的开关。

(11) 整理实验仪器，将仪器归位，使实验平台保持清洁。

5. 实验注意事项

(1) 实验时请不要直接用手接触裸露的元器件。

(2) 请勿带电插拔元器件，否则容易造成器件损坏。

(3) 请保持实验区干净整洁，防止金属物体接触到裸露器件，造成短路。

(4) 通电之前，确保电路连接的正确性，防止烧坏器件。

6. 思考题

(1) 太阳能电池是如何实现光伏发电的?

(2) 太阳能电池的输出应该经过怎样的处理，才能为家用电器提供稳定持续的电压?

实验 6.4.3　光伏电池温度特性测量

1. 实验目的

(1) 掌握太阳能电池与温度之间的特性原理。

(2) 掌握太阳能电池的温度特性测试方法。

(3) 了解太阳能电池各特性参数与温度之间的关系。

2. 实验设备

(1) 太阳能电池综合实验仪 1 台。

(2) 太阳能电池综合实验仪配件箱 1 台。

(3) 2#台阶连接线若干。

3. 实验原理

1) 太阳能电池的温度特性原理

太阳能电池能够吸收光的能量，并将所吸收的光子的能量转化为电能。在没有光照时，可将太阳能电池视为一个二极管，其正向偏压U 与通过的电流I 的关系为

$$I = I_0\left(e^{\frac{qU}{nKT}} - 1\right)$$

其中，I_0 为二极管的反向饱和电流；n 为理想二极管参数，理论值为 1；K 为玻尔兹曼常量；q 为电子的电荷量；T 为热力学温度。

当有光照时，半导体内部结电子流入 N 区，空穴流入 P 区，结果使 N 区储存了过剩的电子，P 区有过剩的空穴，在 P-N 结附近形成与势垒方向相反的光生电场，当接上外电路时，形成反向的光电流I_p，则流过 P-N 结的总电流为

$$I = I_0\left(e^{\frac{qU}{nKT}} - 1\right) - I_p \tag{6-16}$$

由上述公式可知，太阳能电池的短路电流与温度相关，故温度特性也是太阳能电池的一个重要特征。对于大部分太阳能电池，随着温度的上升，短路电流上

升，开路电压减小，转换效率降低。图 6-44 是太阳能电池的输出特性随温度变化的一个例子。

单晶硅与多晶硅的转换效率的温度系数几乎相同，而非晶硅因为它的带隙大而温度系数较低。在太阳能电池实际应用时，就必须考虑到它的输出受到温度的影响。特别是室外使用的太阳能电池，由于阳光的作用，太阳能电池在使用过程中温度可能会变得较高。在这方面，带隙大的材料做成的电池的温度效应就小于带隙窄的材料。因而 GaAs 太阳能电池的温度效应较小，有利于做成高聚光型太阳能电池。

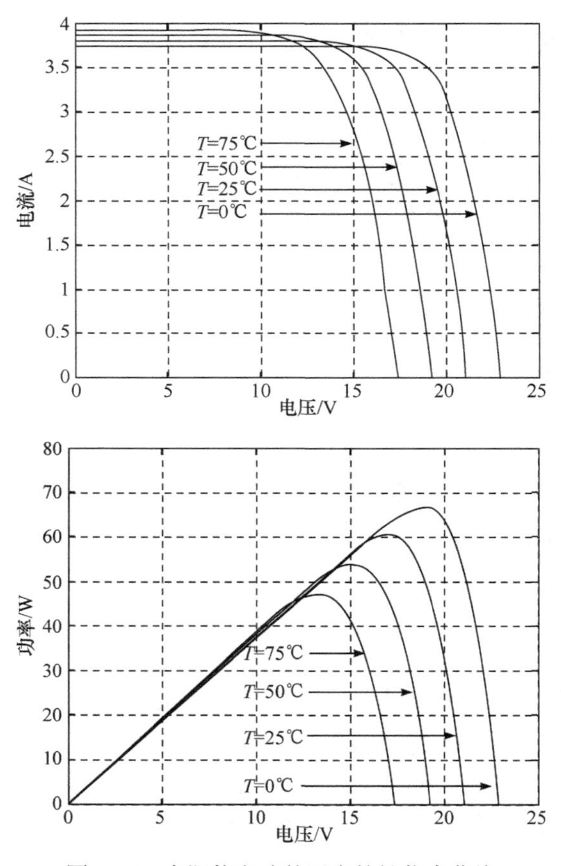

图 6-44　太阳能电池的温度特性仿真曲线

2) 太阳能电池的特性测试方法

太阳能电池作为光电转换电源，其等效电路如图 6-45 所示。

利用电流表和电压表，可对太阳能电池的各项参数进行测量，图 6-46 给出了太阳能电池特性测试的等效电路。

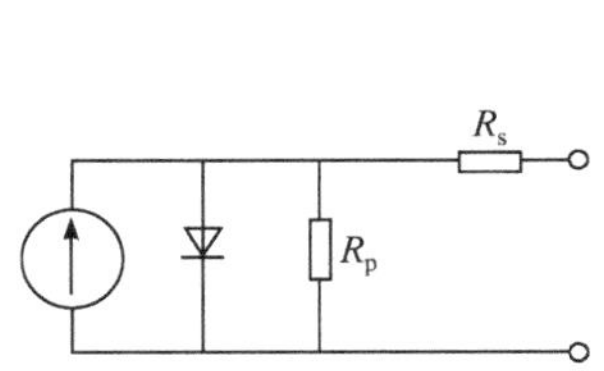
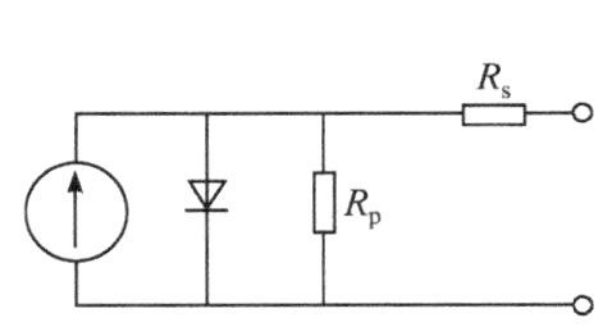

图 6-45　太阳能电池的等效电路

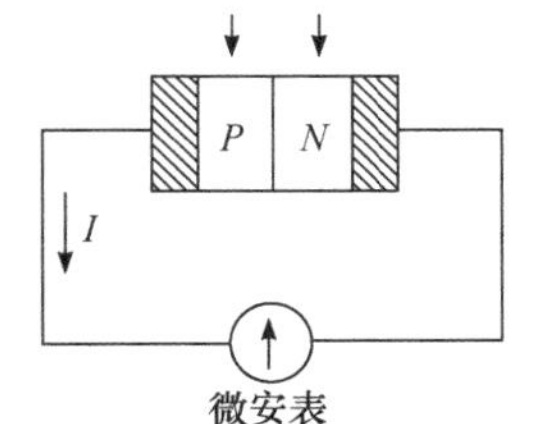

(a) 太阳能电池的短路电流测量

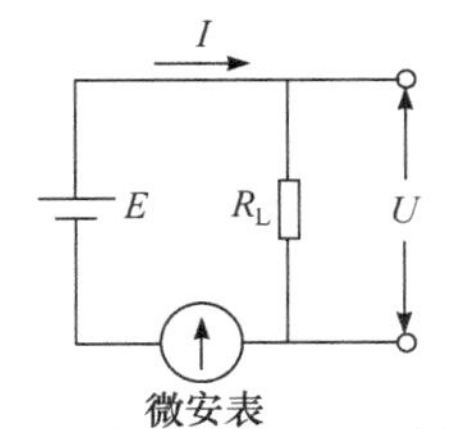

(b) 太阳能电池的I-U测量方法

图 6-46　太阳能电池特性测试的等效电路

4. 实验内容

(1) 结构件组装：将太阳能电池综合实验仪配件箱的灯罩垂直罩在太阳能电池板上；再将卤素灯头罩安装在灯罩上，使得两者刚好卡在一起。

(2) 用 2#台阶连线将太阳能电池综合实验仪配件箱的“+12V”“GND”(J4)分别与“VIN+”“GND”(J8)相连。

(3) 用 2#台阶连线将太阳能电池综合实验仪配件箱的“可调电压”“GND”(J22)分别与灯头罩上的“+”“–”台阶插座相连。

(4) 将太阳能电池综合实验仪配件箱的“太阳能电池 1”与“太阳能电池 2”串联起来。用 2#台阶连线将“太阳能电池 1”的“+”与太阳能电池综合实验仪中的电压表的“+”极相连，将“太阳能电池 2”的“–”与太阳能电池综合实验仪中的电压表的“–”极相连。用于测量太阳能电池两端的电压。

(5) 将太阳能电池综合实验仪配件箱的“太阳能电池 1”的“+”与太阳能电池综合实验仪负载单元中的可调电位器的 J5 相连，将太阳能电池综合实验仪负载单元中可调电位器的 J3 与电流表的“+”端相连。将“太阳能电池 2”的“–”与电流表的“–”端相连。用于测量太阳能电池的工作电流。

(6) 将太阳能电池综合实验仪配件箱“硅光电池”的“+”与太阳能电池综合实验仪照度计的“+”相连，将“硅光电池”的“–”与太阳能电池综合实验仪照度计的“–”相连。

(7) 打开太阳能电池综合实验仪及太阳能电池综合实验仪配件箱的开关。

(8) 调节可调电源电压，使得卤素灯光强较强，并记录下照度计的显示值。

(9) 将温控仪的稳定温度“SV”设定为 10℃。

(10) 根据实时温度“PV”设定温控仪的控制模式(制热/制冷模式)，若实时温度高于设定温度，长按温控仪的 SET 键 3s，此时为温控仪模式设置选择状态。继续按 SET 键即可完成对温控仪各种参数的设置。数次按下 SET 键，直到“PV”显示为“CF”，通过按“▲”和“▼”键将 CF 的值设置为“1”(制冷状态)，并确保箱体右下角的“制冷/制热”按键保持在“制冷”状态。

(11) 若实时温度低于设定温度，长按温控仪的 SET 键 3s，此时为温控仪模式设置选择状态。继续按 SET 键即可完成对温控仪各种参数的设置。数次按下 SET 键，直到“PV”显示为“CF”，通过按“▲”和“▼”键将 CF 的值设置为“0”(制热状态)，并确保箱体右下角的“制冷/制热”按键保持在“制热”状态。

(12) 设置好工作温度后，稍等几分钟，使得温度稳定到设定温度。

(13) 将负载从 0Ω逐档变化到 900Ω，观察电流表及电压表读数，完成表 6-8。

表 6-8　10℃时太阳能电池的输出参数

负载阻值/Ω	电流值/mA	电压值/V	功率/mW
0			
100			
200			
300			
400			
500			
600			
700			
800			
900			

(14) 将温控仪的稳定温度“SV”设定为 20℃、30℃、40℃、50℃，重复步骤(9)～步骤(12)，完成表 6-9～表 6-12。

表 6-9　20℃时太阳能电池的输出参数

负载阻值/Ω	电流值/mA	电压值/V	功率/mW
0			
100			
200			
300			
400			
500			
600			
700			
800			
900			

表 6-10　30℃时太阳能电池的输出参数

负载阻值/Ω	电流值/mA	电压值/V	功率/mW
0			
100			
200			
300			
400			
500			
600			
700			
800			
900			

表 6-11　40℃时太阳能电池的输出参数

负载阻值/Ω	电流值/mA	电压值/V	功率/mW
0			
100			
200			
300			
400			
500			
600			
700			
800			
900			

表 6-12　50℃时太阳能电池的输出参数

负载阻值/Ω	电流值/mA	电压值/V	功率/mW
0			
100			
200			
300			
400			
500			
600			
700			
800			
900			

(15) 断开电源，整理连接线，归放好结构件，清洁实验桌面。

5. 实验注意事项

(1) 实验时请不要直接用手接触裸露的元器件。

(2) 请勿带电插拔元器件，否则容易造成器件损坏。

(3) 请保持实验区干净整洁，防止金属物体接触到裸露器件，造成短路。

(4) 通电之前，确保电路连接的正确性，防止烧坏器件。

6. 数据处理

(1) 在坐标纸上作出不同温度下的太阳能电池 *I-U* 曲线。

(2) 在坐标纸上作出不同温度下的太阳能电池 *P-I* 曲线。

(3) 在坐标纸上作出不同温度下的太阳能电池 *P-U* 曲线。

7. 思考题

(1) 太阳能电池的短路电流、开路电压与温度有什么样的关系？

(2) 太阳能电池的输出功率与温度之间有什么样的关系？

(3) 太阳能电池的输出参数为什么会与温度有关？

实验 6.4.4　光伏电池光谱特性测量

1. 实验目的

(1) 掌握太阳能电池与光谱之间的特性原理。

(2) 掌握太阳能电池的光谱特性测试方法。

(3) 了解太阳能电池各特性参数与光谱之间的关系。

2. 实验设备

(1) 太阳能电池综合实验仪 1 台。

(2) 太阳能电池综合实验仪配件箱 1 台。

(3) 2#台阶连接线若干。

3. 实验原理

1) 太阳能电池的光谱特性

太阳能电池并不能把任何一种光都同样地转换成电。例如，通常红光转变为电的比例与蓝光转变为电的比例是不同的。由于光的颜色(波长)不同，转变为电的比例也不同，这种特性称为光谱特性。光谱特性通常用收集效率来表示。收集效率就是用百分数(%)来表示一单位的光(一个光子)入射到太阳能电池上，产生多少电子(和空穴)。一般而言，一个光子产生的电子(和空穴)数目是小于 1 的。

从太阳能电池的应用角度来说，太阳能电池的光谱特性与光源的辐射光谱特性相匹配是非常重要的，这样可以更充分地利用光能和提高太阳能电池的光电转换效率。例如，有的电池在太阳光照射下能确定转换效率，但在荧光灯这样的室内光源下就无法得到有效的光电转换。不同的太阳能电池与不同的光源的匹配程度是不一样的，而光强和光谱的不同则会引起太阳能电池输出的变动。就人眼的感觉而言，在室外太阳光和在室内荧光灯下，并不觉得其亮度差别很大，但其能量的绝对值却相差数百倍。由于各种太阳能电池的光谱特性不同，所以太阳能电池的输出特性随所用的光源的光谱不同而变化较大。这是在太阳能电池应用时需要注意的问题。

2) 各种太阳能电池的光谱特性

(1) 单晶硅太阳能电池的光谱特性。单晶硅太阳能电池的特点是对于大于700nm 的红外光也有一定的灵敏度。以 P 型单晶硅为衬底，其上扩散 N 型杂质的太阳能电池与 N 型单晶硅为衬底的太阳能电池相比，其光谱特性的峰值更偏向短波长一方。另外，对于前面介绍过的紫外光太阳能电池，它对从蓝色到紫色的短波长(波长小于 500nm)的光有较高的灵敏度，但其制法复杂、成本高，仅限于空间应用。此外，带状多晶硅太阳能电池的光谱特性也接近于单晶硅太阳能电池的光谱特性。

(2) 非晶硅太阳能电池的光谱特性。非晶硅太阳能电池的光谱特性随着其材料的组成和结构、膜厚等因素的变化而有很大的不同。前面所示的是典型的非晶硅太阳能电池的光谱特性。非晶硅薄膜的带隙是 1.7eV，比单晶硅的带隙 1.1eV 大，所以其灵敏度比单晶硅更偏向短波一侧，这是它的一个优点。

(3) 化合物半导体太阳能电池的光谱特性。化合物半导体太阳能电池有许多种类，其光谱特性也各种各样。比如最常见的 GaAs-GaAlAs 太阳能电池的光谱特性，它在短波长一侧的收集效率较高。

3) 太阳能光谱特性的测量

太阳能光谱特性的测量是用一定强度的单色光照射太阳能电池，测量此时电池的短路电流，然后依次改变单色光的波长，再重复测量以得到在各个波长下的短路电流，即反映了电池的光谱特性。图 6-47 给出了硒、硅太阳能电池的光谱特性响应曲线。

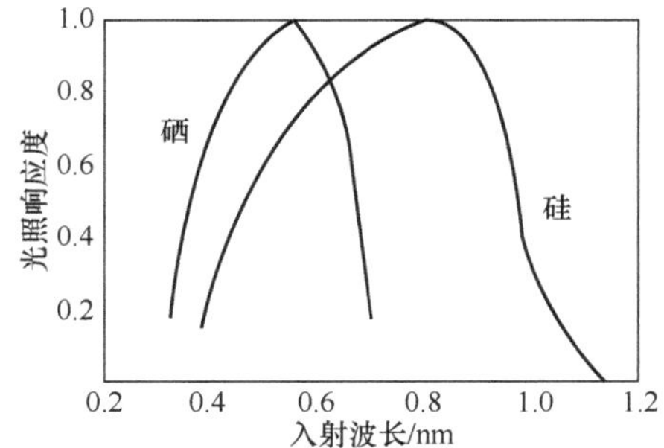

图 6-47　硒、硅太阳能电池的光谱特性响应曲线

如果能够得到与标准太阳光谱一致的并且光照强度可以任意改变的人工光源，当然是最理想的太阳能电池的测试光源，但是目前而言，还是很困难的，只能在某些方面满足要求。现在的标准照明电源主要采用氙灯光源以及充气钨灯泡(A 光源)等。其余的 B、C、D 光源都是由 A 光源加上不同的光学滤光片组合而成的，从而改变了色温。

氙灯作为标准光源有以下特征：

(1) 色温为 6000K，与太阳表面温度(5762K)非常接近；

(2) 亮度高，用适当的光学装置就可以得到平行性很好的光束。

但是，氙灯也有不足之处，主要是在近红外区域(800～1000nm)存在着较强的发光线，必须要进行补正。

4. 实验内容

(1) 结构件组装：在太阳能电池综合实验仪配件箱的卤素灯灯头罩上，安装上黄色滤光片，再将长方体状的灯罩垂直罩在太阳能电池板上，最后将卤素灯头罩安装在灯罩上，使得两者刚好卡在一起。

(2) 用 2#台阶连线将太阳能电池综合实验仪配件箱的“+12V”“GND”(J4)分别与“VIN+”“GND”(J8)相连。

(3) 用 2#台阶连线将太阳能电池综合实验仪配件箱的“可调电压”“GND”(J22)分别与灯头罩上的“+”“–”台阶插座相连。

(4) 将太阳能电池综合实验仪配件箱的“太阳能电池 1”与“太阳能电池 2”串联起来。用 2#台阶连线将“太阳能电池 1”的“+”与太阳能电池综合实验仪中的电压表的“+”极相连，将“太阳能电池 2”的“–”与太阳能电池综合实验仪中的电压表的“–”极相连，用于测量太阳能电池两端的电压。

(5) 将太阳能电池综合实验仪配件箱的“太阳能电池 1”的“+”与太阳能电池综合实验仪负载单元中的可调电位器的 J5 相连，将太阳能电池综合实验仪负载单元中可调电位器的 J3 与电流表的“+”端相连。将“太阳能电池 2”的“–”与电流表的“–”端相连，用于测量太阳能电池的工作电流。

(6) 将太阳能电池综合实验仪配件箱的“硅光电池”的“+”与太阳能电池综合实验仪照度计的“+”相连，将“硅光电池”的“–”与太阳能电池综合实验仪照度计的“–”相连。

(7) 打开太阳能电池综合实验仪及太阳能电池综合实验仪配件箱的开关。

(8) 调节可调电源电压，使得卤素灯光强较强，记录下照度计的显示值。

(9) 将温控仪的稳定温度“SV”设定为 25℃。

(10) 根据实时温度“PV”设定温控仪的控制模式(制热/制冷模式)，若实时温度高于设定温度，长按温控仪的 SET 键 3s，此时为温控仪模式设置选择状态。继续按 SET 键即可完成对温控仪各种参数的设置。数次按下 SET 键，直到“PV”显示为“CF”，通过按“▲”和“▼”键将 CF 的值设置为“1”(制冷状态)，并确保箱体右下角的“制冷/制热”按键保持在“制冷”状态。

(11) 若实时温度低于设定温度，长按温控仪的 SET 键 3s，此时为温控仪模式设置选择状态。继续按 SET 键即可完成对温控仪各种参数的设置。数次按下 SET 键，直到“PV”显示为“CF”，通过按“▲”和“▼”键将 CF 的值设置为

“0”(制热状态)，并确保箱体右下角的“制冷/制热”按键保持在“制热”状态。

(12) 设置好工作温度后，稍等几分钟，使得温度稳定到设定温度。

(13) 将负载从 0Ω逐档变化到 900Ω，观察电流表及电压表读数，记录下来，完成表 6-13。

表 6-13　黄色光源时太阳能电池的输出参数

负载阻值/Ω	电流值/mA	电压值/V	功率/mW
0			
100			
200			
300			
400			
500			
600			
700			
800			
900			

(14) 将可调电源调为最小，断开配件箱的电源。

(15) 将卤素灯灯头罩上的两连线取下，拿下灯头罩，将卤素灯灯头罩上的滤光片更换为其他颜色。

(16) 将卤素灯灯头罩再次罩在长方体状的灯罩上，并将灯头罩上的电源线插上。

(17) 打开配件箱电源，并调节可调电源，使得照度计的显示值与上一次相等。

(18) 重复实验步骤(13)～步骤(17)，完成表 6-14～表 6-18。

表 6-14　____色光源时太阳能电池的输出参数

负载阻值/Ω	电流值/mA	电压值/V	功率/mW
0			
100			
200			
300			
400			
500			
600			
700			
800			
900			

表 6-15 ____色光源时太阳能电池的输出参数

负载阻值/Ω	电流值/mA	电压值/V	功率/mW
0			
100			
200			
300			
400			
500			
600			
700			
800			
900			

表 6-16 ____色光源时太阳能电池的输出参数

负载阻值/Ω	电流值/mA	电压值/V	功率/mW
0			
100			
200			
300			
400			
500			
600			
700			
800			
900			

表 6-17 ____色光源时太阳能电池的输出参数

负载阻值/Ω	电流值/mA	电压值/V	功率/mW
0			
100			
200			
300			
400			
500			
600			
700			
800			
900			

表 6-18　____色光源时太阳能电池的输出参数

负载阻值/Ω	电流值/mA	电压值/V	功率/mW
0			
100			
200			
300			
400			
500			
600			
700			
800			
900			

(19) 断开电源，整理连接线，归放好结构件，清洁实验桌面。

5. 实验注意事项

(1) 实验时请不要直接用手接触裸露的元器件。

(2) 请勿带电插拔元器件，否则容易造成器件损坏。

(3) 请保持实验区干净整洁，防止金属物体接触到裸露器件，造成短路。

(4) 通电之前，确保电路连接的正确性，防止烧坏器件。

6. 数据处理

(1) 在坐标纸上作出不同光谱下的太阳能电池 I-U 曲线。

(2) 在坐标纸上作出不同光谱下的太阳能电池 P-I 曲线。

(3) 在坐标纸上作出不同光谱下的太阳能电池 P-U 曲线。

7. 思考题

(1) 太阳能电池的短路电流、开路电压与光谱有什么样的关系?

(2) 太阳能电池的输出功率与光谱有什么关系? 哪种光谱下太阳能电池的输出功率最大?

(3) 太阳能电池的输出参数为什么会与光谱有关?

第 7 章　光伏产品设计

7.1　光伏产品设计概述

光伏产品以太阳光为能源，通过光伏器件接收太阳光辐射，将光能转化成电能，并能在一定的程序控制下向蓄电池充电，控制器根据设定的程序将蓄电池中的电能释放出来向用电设备供电。光伏产品应用场合广泛，上至航天器，下至家用小电器，大到兆瓦级，小至小玩具，常见的光伏产品包括太阳能路灯、太阳能背包、计算器辅助电源、太阳能充电器等。

7.2　光伏产品设计实验

实验 7.2.1　太阳能风扇设计

1. 实验目的

加深了解太阳能电池的工作原理及应用性。

2. 实验设备

(1) 太阳能电池综合实验仪(含结构件)一套。

(2) 连接导线若干。

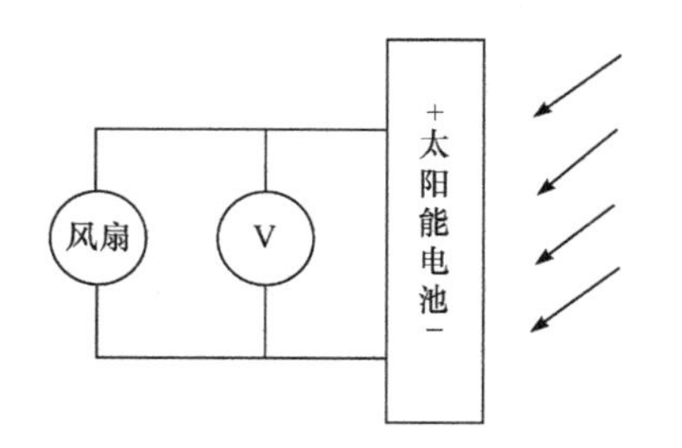

图 7-1　太阳能电池-风扇实验

3. 实验原理

实验示意图如图 7-1 所示。

在太阳光(模拟太阳光源)的光照下，太阳能电池将光能转化为电能，直接驱动风扇转动。风扇额定工作电压为 12V，电流为 0.2A。

4. 实验内容

(1) 检查实验仪是否断电，在断电情况下进行实验。

(2) 开启实验仪电源，移动太阳能电池板，测量太阳能电池板开路电压，使其不超过 12V，然后关闭实验仪电源。

(3) 按连接电路，检查电路无误后，开启实验仪电源。

(4) 观察电压表电压值及风扇是否工作。

(5) 调节太阳能电池板的位置，改变电压(电压不得超过 12V)，观察风扇的转动情况。

(6) 关闭实验仪电源，拆除实验连线，还原实验仪。

选做：

在太阳光照条件下重复上述实验，对比太阳光照条件与灯照条件下的实验情况，分析实验差异的原因。

5. 实验注意事项

(1) 灯点亮时，温度较高，小心烫伤，光强较强，请勿直视。

(2) 实验过程中严禁用导体接触实验仪裸露元器件及其引脚。

(3) 实验操作中不要带电插拔导线，应该在熟悉原理后，按照电路图连接，检查无误后，方可打开电源进行实验。

(4) 若照度计、电流表或电压表显示为“1__”，说明超出量程，选择合适的量程再测。

(5) 严禁将任何电源对地短路。

实验 7.2.2　太阳能音乐声响设计

1. 实验目的

加深了解太阳能电池的工作原理及应用性。

2. 实验设备

(1) 太阳能电池综合实验仪(含结构件)一套。

(2) 连接导线若干。

3. 实验原理

实验原理图如图 7-2 所示。

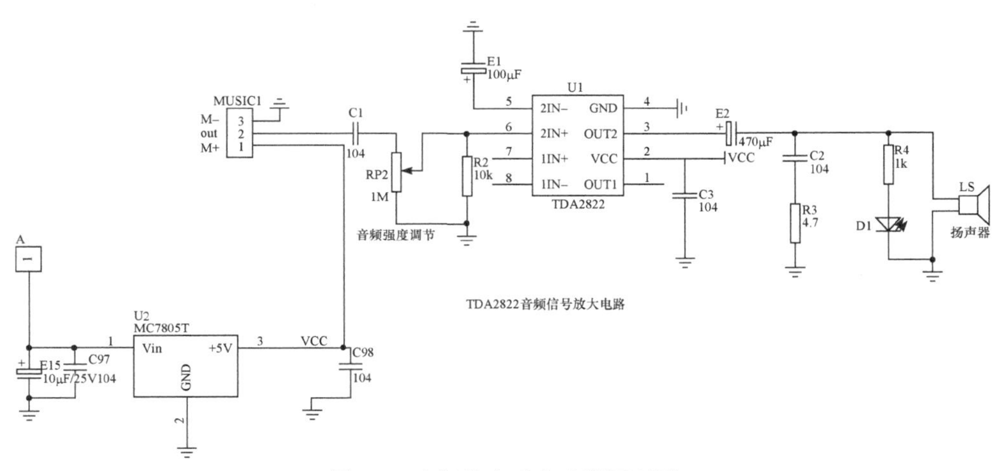

图 7-2　太阳能音乐声响器原理图

A 端为太阳能电池正端的输入端，其输入电压不超过 12V，且不小于 5V；此电压通过 MC7805T 后，输出稳定的 5V 电压为音乐芯片及音频功放 TDA2822 供电；音乐芯片工作，输出音乐信号，并将音乐信号输入音频功放 TDA2822，通过调节输入端的电位器，可调节输入信号的大小，进而调节扬声器声音的大小；音频功放 TDA2822 接收到音乐信号后，通过输出端驱动扬声器及发光二极管，使扬声器及发光二极管工作，整个工作的电源由太阳能电池板提供。

4. 实验内容

(1) 检查实验仪是否断电，在断电情况下进行实验。

(2) 开启实验仪电源，移动太阳能电池板，测量太阳能电池板开路电压，使其不超过 12V，然后关闭实验仪电源。

(3) 连接电路，检查电路无误后，开启实验仪电源。

(4) 调节太阳能电池板位置，改变电压大小(电压大小不得超过 12V)，听扬声器是否发出音乐声响，观察发光二极管是否工作。

(5) 关闭实验仪电源，拆除实验连线，还原实验仪。

选做：

在太阳光照条件下重复上述实验，对比太阳光照条件与灯照条件下的实验情况，分析实验差异原因。

5. 实验注意事项

(1) 灯点亮时，温度较高，小心烫伤，光强较强，请勿直视。

(2) 实验过程中严禁用导体接触实验仪裸露元器件及其引脚。

(3) 实验操作中不要带电插拔导线，应该在熟悉原理后，按照电路图连接，检查无误后，方可打开电源进行实验。

(4) 若照度计、电流表或电压表显示为“1__”，说明超出量程，选择合适的量程再测量。

(5) 严禁将任何电源对地短路。

实验 7.2.3 太阳能节电照明灯设计

1. 实验目的

加深了解太阳能电池的工作原理及应用性。

2. 实验设备

(1) 太阳能电池综合实验仪(含结构件)一套。

(2) 连接导线若干。

3. 实验原理

实验原理图如图 7-3 所示。

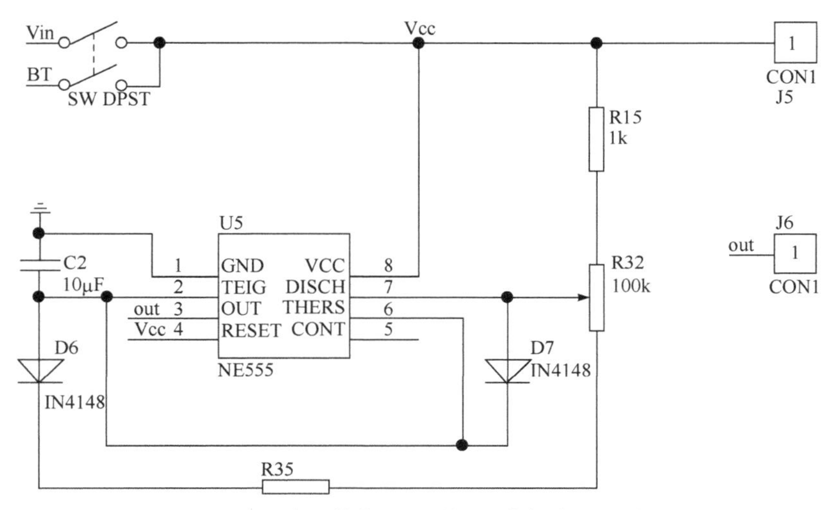

图 7-3　太阳能节电照明灯设计实验原理图

太阳光只出现在白天，而电灯用于夜晚，要利用太阳能在夜晚点亮电灯，就得白天把电能储存起来，供夜晚使用。这是太阳能电池在日常生活中的基本用法，但还需要用到蓄电池或充电电池。该实验就是设计一种可调光的电灯的节电型电路。

Vin 是太阳能电池输入端，BT 是可再充电蓄电池输入端，NE555 构成调光电路，输出端接 12V 直流电灯泡。当射灯模拟太阳光照射时，太阳能电池产生光生电势，通过二极管向蓄电池充电。开关闭合时，由太阳能电池或蓄电池供电，使 NE555 工作于振荡状态。在 NE555 输出为低电平期间，直流电灯泡发光；NE555 输出为高电平期间，直流电灯泡不发光。

NE555 输出信号的占空比是由可变电位器(100kΩ)和电容(10μF)决定的，直流电灯泡加电时间的占空比变化范围为 0～100%，也就是灯泡发光可调范围是全暗到全亮连续可调，这样，就可以根据实际照明需要来调节灯光，实现节电照明。

4. 实验内容

(1) 检查实验仪是否断电，在断电情况下进行实验。

(2) 开启实验仪电源，移动太阳能电池板，测量太阳能电池板开路电压，使其不超过 18V，然后关闭实验仪电源(若采用蓄电池供电，不需此步操作)。

(3) 连接电路，检查电路无误后，开启实验仪电源。

(4) 观察直流电灯泡是否正常工作。

(5) 调节占空比控制的电位器，观察直流电灯泡明暗变化情况。

(6) 关闭实验仪电源，拆除实验连线，还原实验仪。

选做：

在太阳光照条件下重复上述实验，将太阳光照条件与灯照条件下的实验情况进行对比，分析实验差异原因。实验电路图如图 7-4 所示。

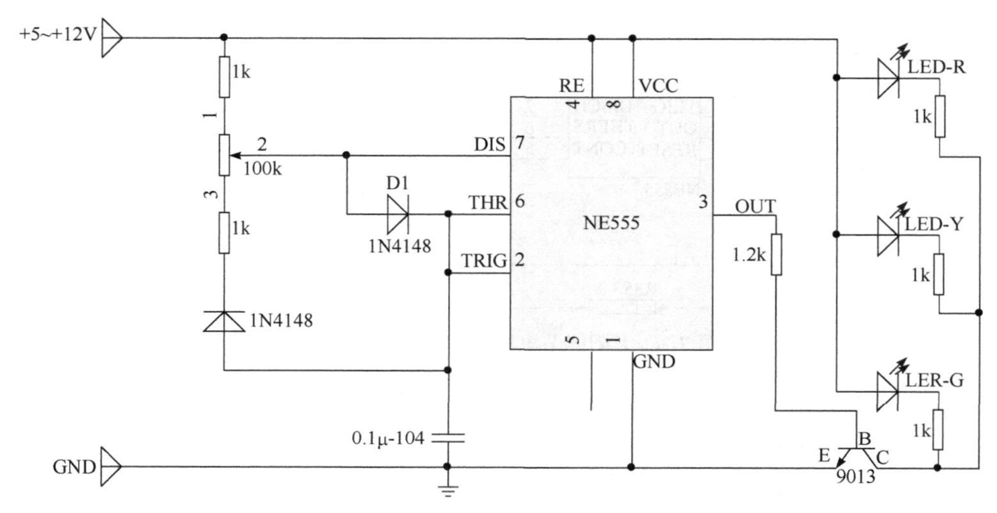

图 7-4　不同光照情况的实验电路图

实验中的直流电灯泡采用 LED 光源(LED 属于节能光源)，为了加强 LED 亮度，可采用如图 7-4 所示的并联方式；NE555 输出信号的占空比是由可变电位器(100kΩ)和电容(0.1μF)决定的(更换电容大小，可以改变输出信号的频率)，改变电位器的阻值时，直流电灯泡(LED)加电时间的占空比变化范围为 0～100%，即灯泡(LED)发光可调范围是全暗到全亮连续可调，这样就可以根据实际照明需要来调节灯光，实现节电照明。

节能体现在以下两方面：

(1) LED 属于当前热门的节能绿色光源，且功率小。

(2) 电路控制采用 PWM 控制，亮度可调，节能环保。

注意：

(1) 将原实验指导书中的 10μF 的电容换成 0.1μF 的电容，也可以达到图 7-4 类似的结果。

(2) 由于卤素灯功率为 12V/10W，功率较大，一般采用蓄电池直接供电方式，不接控制电路，本实验电路只适合于小功率的 LED 光源。

5. 实验注意事项

(1) 灯点亮时，温度较高，小心烫伤，光强较强，请勿直视。

(2) 实验过程中严禁用导体接触实验仪裸露元器件及其引脚。

(3) 实验操作中不要带电插拔导线，应该在熟悉原理后，按照电路图连接，检查无误后，方可打开电源进行实验。

(4) 若照度计、电流表或电压表显示为“1__”，说明超出量程，选择合适的量程再测量。

(5) 严禁将任何电源对地短路。

实验 7.2.4　太阳能路灯设计

1. 实验目的

加深了解太阳能电池的工作原理及应用性。

2. 实验设备

(1) 太阳能电池综合实验仪(含结构件)一套。

(2) 连接导线若干。

3. 实验原理

太阳能路灯主要利用太阳能电池的能源来工作，白天太阳光照射在太阳能电池上，把光能转变成电能存储在蓄电池中，晚间由蓄电池为路灯的 LED(发光二极管)提供电源。其优点主要为安全、节能、方便、环保等。

由于此实验是验证测试型实验，为了更加直观，不采用集成的路灯驱动芯片，而是自行搭建电路。这样不仅可以让实验现象更加明显，而且也不需要为了使用蓄电池而等到晚上。只是利用光敏电阻的感光特性，通过遮挡光敏电阻改变其电阻值来模拟白天、黑夜即可。其原理图如图 7-5 所示。

光敏电阻在白天时阻抗很低，分压后 Q2 基极电压很低，Q2 截止，Q3 导通，Q3 集电极呈低电位，Q6 截止。天黑时，光敏电阻 R38 阻值变大，Q2 呈导通状态，则 Q3 的集电极电压拉高，Q6 导通，LED 导通。R33 的阻值需根据光敏电阻的情况来定。J7、J8 接发光二极管或直流电灯泡。

4. 实验内容

(1) 检查实验仪是否断电，在断电情况下进行实验。

(2) 开启实验仪电源，移动太阳能电池板，测量太阳能电池板开路电压，使其不超过 18V，然后关闭实验仪电源(若采用蓄电池供电，不需此步操作)。

(3) 连接电路，检查电路无误后，开启实验仪电源。

(4) 对光敏电阻进行遮光和不遮光的操作，观察灯泡工作情况是否符合路灯白天灯灭，晚上灯亮的实际情况。

(5) 关闭实验仪电源，拆除实验连线，还原实验仪。

选做：

在太阳光照条件下重复上述实验，将太阳光照条件与灯照条件下的实验情况进行比较，分析实验差异原因。

5. 实验注意事项

(1) 灯点亮时，温度较高，小心烫伤，光强较强，请勿直视。

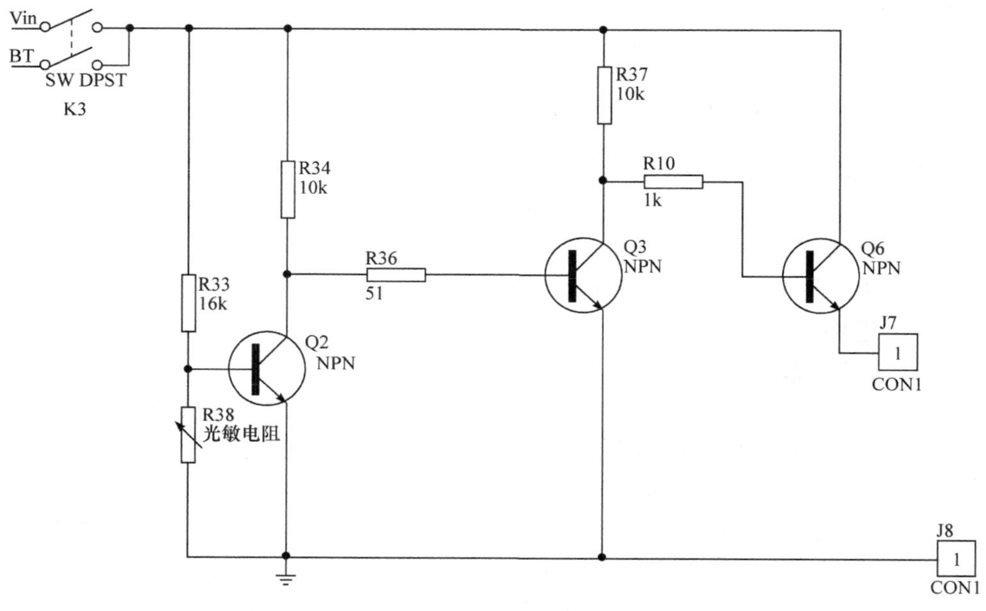

图 7-5　太阳能路灯设计实验

(2) 实验过程中严禁用导体接触实验仪裸露元器件及其引脚。

(3) 实验操作中不要带电插拔导线，应该在熟悉原理后，按照电路图连接，检查无误后，方可打开电源进行实验。

(4) 若照度计、电流表或电压表显示为“1__”，说明超出量程，选择合适的量程再测量。

(5) 严禁将任何电源对地短路。

实验 7.2.5　太阳能电池充电器设计

1. 实验目的

加深了解太阳能电池的工作原理及应用性。

2. 实验设备

(1) 太阳能电池综合实验仪(含结构件)一套。

(2) 连接导线若干。

3. 实验原理

此充电器主要由太阳能电池电压降压电路、恒流源电路、恒压源电路和电池电压检测控制电路四部分组成。降压电路由芯片 U1 实现，$V_{out}=1.25(1+R_3/R_4)=5V$。U2 为恒流源，U3 为恒压源，在充电初始阶段用恒流充电，然后恒压充电，而恒压充电电流会随着时间的推移而逐渐降低，待电池基本充满，充电电流会慢慢降低到零，电池完全充满。电池电压检测及控制由 U4 和继电器及外围电路来完成。图 7-6 为太阳能电池降压电路，图 7-7 为太阳能充电控制的恒流充电部分、恒压充电部分及控制与指示部分，其中二次开发实验部分提供了充电座。

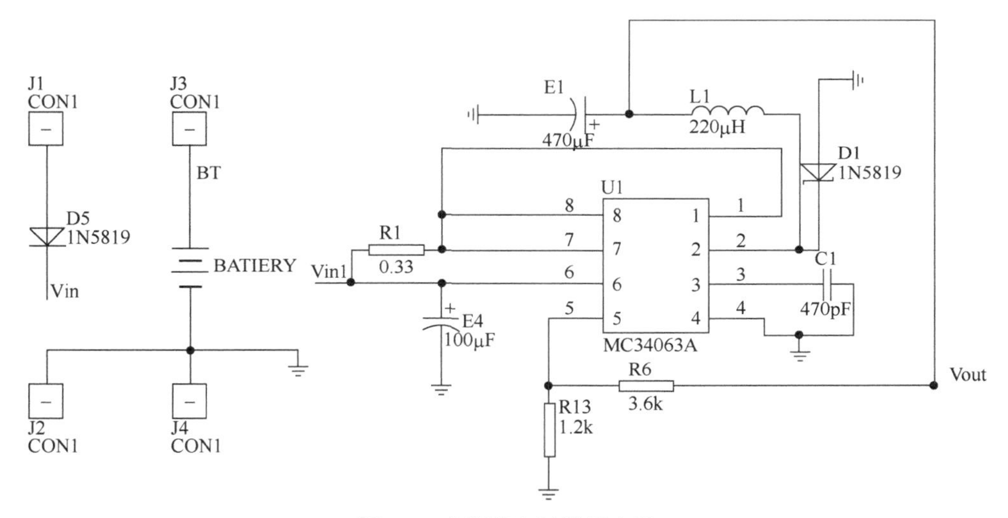

图 7-6　太阳能电池降压电路

Vin 对应于太阳能电池板输入端(J1、J2 分别对应太阳能电池板正负极)，BT 对应于充电电池输入端(J3、J4 分别对应充电电池正负极)，太阳能电池板与充电控制单元及充电电池的连接由 K1 控制，当 K1 没有按下时，Vin 与 Vin1 连接，BT 与 BT1 连接，太阳能电池板供电，且为充电电池充电；当 K1 按下时，Vin 与 Vin1 断开，BT 与 BT2 连接，太阳能电池板停止供电，停止充电。通过调节电位器 W1，可以控制恒压充电的初始电压，即充电由恒流切换到恒压状态的电池电压。

4. 实验内容

(1) 检查实验仪是否断电，在断电情况下进行实验。

(2) 按图 7-6 和图 7-7 连接电路，检查电路无误后，开启实验仪电源。

(3) 观察电池充电过程指示灯变化情况及继电器切换恒流充电和恒压充电的工作情况。

(4) 关闭实验仪电源，拆除实验连线，还原实验仪。

选做：

在太阳光照条件下重复上述实验，将太阳光照条件与灯照条件下的实验情况进行比较，分析实验差异原因。

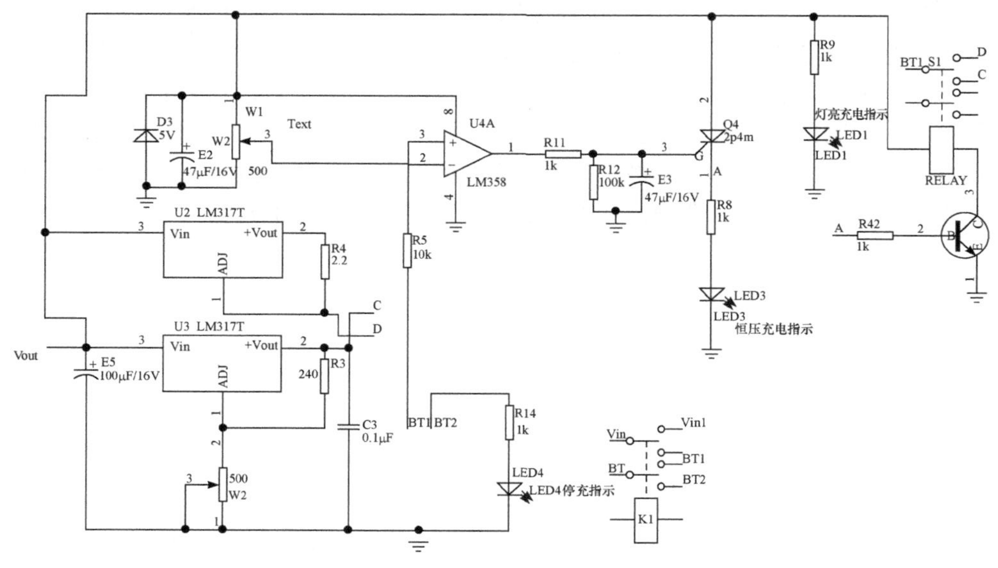

图 7-7　太阳能充电控制

5. 实验注意事项

(1) 灯点亮时，温度较高，小心烫伤，光强较强，请勿直视。

(2) 实验过程中严禁用导体接触实验仪裸露元器件及其引脚。

(3) 实验操作中不要带电插拔导线，应该在熟悉原理后，按照电路图连接，检查无误后，方可打开电源进行实验。

(4) 若照度计、电流表或电压表显示为“1__”，说明超出量程，选择合适的量程再测量。

(5) 严禁将任何电源对地短路。

实验 7.2.6　太阳能蓄电池控制设计

1. 实验目的

加深了解太阳能蓄电池的工作原理及应用性。

2. 实验设备

(1) 太阳能电池综合实验仪(含结构件)一套。

(2) 连接导线若干。

3. 实验原理

蓄电池的主要作用是在太阳能电池工作时，即在有光照时储存能量，而无光照时进行照明等工作。这样就更加符合日常生活中太阳能电池的用法，而非仅仅是有光照时才能进行实验。

实验采用免维护蓄电池，免维护蓄电池是一种储存电能的容器，常被作为其他电路的“能源基地”。由于太阳能电池所产生的电力有限，因此要尽可能地扩大“基地”的储电容量，但也不能无限扩大，因为太阳能电池只能在白天发电，其日发电量 M=发电功率(最大输出功率)×有效光照时间×发电时间，因此它的日发电量等于输出电流与有效光照时间的乘积，即 $C=IH$ (A · h)。而蓄电池的容量则是放电时间和放电电流的乘积，因此计算公式为 $C=IH$ (单位为 A · h，就是额定 1A 的电流放电 1h)。那么太阳能电池和蓄电池在容量和电量上是如何计算的呢？我们可以通过电功率公式 $P=IU$ 演化为 $P=CU/H$。

我们同样可以根据这个公式来决定蓄电池容量，根据上面的公式可以计算出蓄电池的容量，在计算过程中为了更加准确，还要考虑蓄电池的充电效率。蓄电池的充电效率一般为 65%～80%，其充电效率取决于充电的方式，即充电的速率和电池内部的活性物质的利用率等客观条件，一般的经验是充电效率按照充电时间率和电流率来分别选取。充电时间越长，电流越小，电能安全的转化效率越高，其补偿值就越高；充电时间越短，则电流越大，安全电能的转化效率越低，如表 7-1 所示。

表 7-1　充电效率与时间率、电流率、电流补偿值之间的关系表

充电时间段	时间率	电流率	电流补偿值
20h 以上	C20	0.05C	1.50～1.55
15h 左右	C15	0.07C	1.45～1.50
10h 左右	C10	0.1C	1.40～1.45
5h 左右	C5	0.2C	1.35～1.40
1h 以下	C1	1C	1.20～1.30

额定 12V 电压的蓄电池选配的太阳能电池的电压应该为 12V×1.4=16.8V 左右的太阳能电池，这个电压值已经接近蓄电池的极限充电电压。

同时为了加强学生对蓄电池的了解，在太阳能电池给蓄电池充电时，增加了控制模块，进行自动控制充电或停充，同时利用 LED 进行充电、过放、正常及停充指示。当蓄电池电压过低时，电路处于过放状态，过放指示灯及充电指示灯点亮；当蓄电池电压由过低到较高状态时，过放指示灯熄灭，正常指示灯点亮；当电压接近蓄电池极限充电电压时，电路处于停充状态，充电指示灯熄灭，停充指示灯点亮；当电压处于过放状态与停充状态之间时，电路处于正常的充电状态，充电指示灯点亮。

4. 实验内容

(1) 检查实验仪是否断电，在断电情况下进行实验。

(2) 移动太阳能电池板，将其置于离灯(模拟太阳光源)15～20cm处。

(3) 用2#连接导线将太阳能电池板和蓄电池连接到蓄电池控制器单元的对应插座(红-正，黑-负)。

(4) 检查电路无误后，开启实验仪电源，开启蓄电池控制器开关。

(5) 观察蓄电池控制器单元指示灯及继电器工作情况。

(6) 拆掉太阳能电池板，将直流充电开关开启，重复上述步骤，观察蓄电池控制器单元指示灯及继电器工作情况。

(7) 关闭实验仪电源，拆除实验连线，还原实验仪。

选做：

(1) 对照电路，测试电路中各个节点的电压变化情况，分析并理解电路工作原理。

(2) 结合二次开发单元，自行设计并搭建蓄电池控制器部分或整个电路。

(3) 在太阳光照条件下重复上述实验，对比太阳光照条件与灯照条件下的实验情况，分析实验差异原因。

5. 实验注意事项

(1) 灯点亮时，温度较高，小心烫伤，光强较强，请勿直视。

(2) 实验过程中严禁用导体接触实验仪裸露元器件及其引脚。

(3) 实验操作中不要带电插拔导线，应该在熟悉原理后，按照电路图连接，检查无误后，方可打开电源进行实验。

(4) 若照度计、电流表或电压表显示为“1__”，说明超出量程，选择合适的量程再测量。

(5) 严禁将任何电源对地短路。

6. 思考题

分析蓄电池的充电过程及其充电指示的变化情况。

参考文献

陈成钧, 2012. 太阳能物理[M]. 连晓峰, 等译. 北京: 机械工业出版社.
春兰, 2004. 独立运行光伏发电系统功率控制研究[D]. 呼和浩特: 内蒙古工业大学.
杜景龙, 唐大伟, 黄湘, 2012. 太阳模拟器的研究概况及发展趋势[J]. 太阳能学报, 33: 70-76.
段春艳, 班群, 林涛, 2016. 光伏产品检测技术[M]. 北京: 化学工业出版社.
胡润青, 王宗, 谢秉鑫, 等, 2009. 中国太阳能热水器标准、检测和认证体系[M]. 北京: 化学工业出版社.
GREEN M A, 2010. 太阳能电池工作原理、技术和系统应用[M]. 狄大卫, 曹昭阳, 李秀文, 等译. 上海: 上海交通大学出版社.
孔均仁, 2005.《可再生能源法》: 能源发展新动力[J]. 中国创业投资与高科技, (9):25-27.
黎明, 2000. 改善晶硅太阳电池性能的物理途径[D]. 北京: 北京师范大学.
李种实, 2012. 太阳能光伏组件生产制造工程技术[M]. 北京: 人民邮电出版社.
蔺佳, 桑丽霞, 张静, 等, 2015. 太阳光模拟器的解析、应用及其发展[J]. 太阳能, 10: 37-43.
刘海涛, 边莉, 翟永辉, 2006. 光伏电池测试中的光谱失配误差修正[J]. 阳光能源, 1: 51-53.
刘胡炜, 孟赟, 曹寅, 2014. 光谱失配误差对光伏组件测试的影响研究[J]. 质量与标准化, (1): 46-49.
刘鉴民, 2010. 太阳能利用原理 · 技术 · 工程[M]. 北京: 电子工业出版社.
卢金军, 2007. 太阳能电池的研究现状和产业发展[J]. 科技资讯, (18): 38.
吕涛, 2014. 高准直高辐射照度的太阳模拟技术研究[D]. 长春: 中国科学院长春光学精密机械与物理研究所.
MARKVART T, CASTAÑER L, 2011. 太阳电池：材料、制备工艺及检测[M]. 梁骏吾, 等译. 北京: 机械工业出版社.
MESSENGER R A, VENTRE J, 2012. 光伏系统工程[M]. 王一波, 廖华, 伍春生, 译. 北京: 机械工业出版社.
NELSON J, 2011. 太阳能电池物理[M]. 高扬, 译. 上海: 上海交通大学出版社.
戚桓瑜, 2015. 光伏材料制备与加工[M]. 西安: 西北工业大学出版社.
钱伯章, 2006. 世界能源消费现状和可再生能源的发展趋势(上)[J]. 节能与环保, (3):8-11.
申树芳, 刘伶俐, 徐承天, 2007. 太阳电池研究及应用[J]. 化学教学, (4):45-48.
沈文忠, 2013. 太阳能光伏技术与应用[M]. 上海: 上海交通大学出版社.
苏梦蟾, 2006. 聚合物有机太阳能电池器件的研究[D]. 北京: 北京交通大学.
苏拾, 张国玉, 付芸, 等, 2012. 太阳模拟器的新发展[J]. 激光与光电子学进展, 7: 17-24.
万松, 徐林, 2011. 太阳模拟器的发展进展[D]. 上海: 上海交通大学.
王盛强, 李婷婷, 2016. 晶体硅组件电致光(EL)检测应用及缺陷分析[J]. 科技创新与应用, (1): 89-90.
王文静, 李海玲, 2014. 晶体硅太阳能电池制造技术[M]. 北京: 机械工业出版社.

王长贵, 2000. 开发利用新能源和可再生能源的重大意义[J]. 太阳能, (4):6-7.
王长贵, 2003. 新能源和可再生能源的现状和展望[J]. 太阳能光伏产业发展论坛论文集, (9):41.
王志明, 2009. 在线太阳电池测试系统关键技术研究[D]. 上海: 上海大学.
WENHAM S R, GREEN M A, WATT M E, et al., 2008. 应用光伏学[M]. 狄大卫, 等译. 上海: 上海交通大学出版社.
吴瑜之, 彭银生, 2005. 晶体硅太阳电池选择性扩散的研究[J]. 太阳能学报, 26(5): 635-638.
谢卿, 高华, 杨乐, 2012. 硅太阳电池扩散方阻均匀性研究[J]. 光电技术应用, 27(3): 50-53.
杨超, 沈鸿烈, 吴京波, 等, 2011. Ⅱ类单晶硅片太阳电池扩散工艺的优化研究[J]. 半导体光电, 32(3): 369-374.
张化德, 2007. 太阳能光伏发电系统的研究[D]. 济南: 山东大学.
郑建邦, 任驹, 郭文阁, 等, 2006. 太阳电池内部电阻对其输出特性影响的仿真[J]. 太阳能学报, 27(2): 121-125.
种法力, 滕道祥, 2015. 硅太阳能电池光伏材料[M]. 北京: 化学工业出版社.
朱道本, 王佛松, 1999. 有机固体[M]. 上海: 上海科学技术出版社.
朱美芳, 熊绍珍, 2014. 太阳电池基础与应用[M]. 2 版. 北京: 科学出版社.